OUVRAGES D'ENTOMOLOGIE

QUI SE TROUVENT CHEZ MÉQUIGNON-MARVIS PÈRE ET FILS,

Libraires-éditeurs, rue du Jardinet, n° 13.

GENERA DES INSECTES, ou Exposition de tous les caractères propres à chacun des genres de cette classe d'animaux; par MM. E. Guérin et A. Percheron.

Chaque livraison sera composée de 10 planches gravées, coloriées avec le plus grand soin, par M. Delarue, et du texte correspondant. Prix, 6 fr.

ICONOGRAPHIE OU HISTOIRE NATURELLE DES COLÉOPTÈRES D'EUROPE ; par M. le comte Dejean et M. J.-A. Boisduval.

Cet ouvrage se composera de 130 livraisons environ, divisées en 12 volumes.

Chaque livraison, composée de cinq planches coloriées avec le plus grand soin, format grand in-8°, et du texte correspondant, imprimé avec un caractère neuf, sur papier superfin satiné, est du prix de 6 fr.; franc de port par la poste, 6 fr. 25 c. 41 livraisons sont en vente.

Il a été tiré séparément quelques exemplaires format grand in-4°, sur grand-raisin vélin double, dont un destiné à accompagner les dessins originaux exécutés en couleur d'après nature, sur peau vélin. Les exemplaires in-4° sont de 25 fr. la livraison.

HISTOIRE NATURELLE DES LÉPIDOPTÈRES OU PAPILLONS DE FRANCE ; par M. J.-B. Godard, continuée par M. P.-A.-J. Duponchel.

Cet ouvrage contiendra environ 170 livraisons, divisées en 13 volumes. Chaque livraison, composée de 2 planches coloriées et du texte correspondant, est de. . . . . 3 fr.

158 livraisons sont publiées. Il en paraît une nouvelle toutes les trois semaines.

SUPPLÉMENT A L'HISTOIRE NATURELLE DES LÉPIDOPTÈRES OU PAPILLONS DE FRANCE; par M. J.-B. Godart, continué par M. P.-A.-J. Duponchel.

Ce supplément se composera de 30 à 35 livraisons, qui comprendront 500 espèces environ, dessinées d'après nature sur peau vélin.

Chaque livraison, composée de 2 planches coloriées et du texte correspondant, est de 3 fr. — Il paraît 23 livraisons.

ICONOGRAPHIE DES CHENILLES; pour faire suite à l'Histoire naturelle des Lépidoptères ou Papillons de France; par M. J.-B. Godart, continuée par M. P.-A.-J. Duponchel.

Cette Iconographie se composera de 50 à 60 livraisons, qui contiendront les figures de 800 espèces environ, réparties sur 170 à 180 planches. Ces figures seront toutes dessinées d'après nature, et coloriées avec le plus grand soin.

Le prix de chaque livraison, composée de 3 planches et du texte correspondant, est de 3 fr. — Il paraît 13 livraisons.

SPECIES GÉNÉRAL DES COLÉOPTÈRES DE LA COLLECTION DE M. LE COMTE DEJEAN.

Cet ouvrage aura environ 20 volumes. Les 5 premiers volumes, divisés en 6, formant la famille complète des Carabiques, sont en vente. Prix, broché. . . . . 51 fr.

Le 5ᵉ volume séparément, en deux parties, 15 fr. — le 6ᵉ volume est sous presse.

Catalogue de la Collection de m. le comte Dejean, deuxième édition. Cet ouvrage formera 5 livraisons de 6 feuilles chacune.

Les trois premières sont en vente. Prix de chaque livraison. . . 3 fr.

La quatrième est sous presse, pour paraître incessamment.

Annales de la Société entomologique de France.

Prix de chacune des deux premières années publiées : 1832-1833, 24 fr.; franc de port pour la France, 27 fr. ; *idem* pour l'étranger, 30 fr.

Les années 1834 et 1835 sont chacune du prix de 26 fr. pour Paris ; *franco* pour les départements, 29 fr. ; *idem* pour l'étranger, 32 fr.

Faune entomologique des environs de Paris, contenant la Description des Insectes de tous les ordres connus dans un rayon de 15 à 20 lieues de la capitale, par *MM. Boisduval* et *Lacordaire* ; 3 forts volumes in-18. *Sous presse.*

Le tome 1ᵉʳ paraîtra dans le courant de juin prochain.

Lepidopterorum Index methodicus, par *M. Boisduval*. in-8° broché. 3 fr.

Monographie des Zygénides, suivie d'un Tableau méthodique de classification des Lépidoptères, par *M. Boisduval*. 1 volume in-8°, avec planches coloriées, ... 14 fr.

Monographie du genre Sisyphe, par *M. Gory*, brochure in-8°, avec planche gravée. . . . . 1 fr. 50 c.

Etudes entomologiques, ou Description d'Insectes nouveaux (carnassiers); par *M. Delaporte, comte de Castelnau*. Brochure in-8°, avec planches coloriées, divisée en 2 livraisons. Prix de chaque livraison. . . . . 3 fr.

Tableaux synoptiques des Lépidoptères d'Europe, contenant la description de tous les lépidoptères d'Europe connus jusqu'à ce jour, avec leurs variétés, leurs mœurs, leurs époques d'apparition, les localités où on les trouve, la description de leurs chenilles et leur nourriture, la manière de se les procurer, la synonymie tirée des auteurs les plus suivis et de nombreuses observations ; par *MM. de Villiers* et *Guenée,* membres de la Société Entomologique de France.

L'ouvrage complet, comprenant tous les Lépidoptères d'Europe, formera 8 volumes in-4°, ainsi répartis :

Tome 1ᵉʳ, *Diurnes* ; tome 2, *Nocturnes* jusqu'aux *Pseudo-Bombycites* ; tome 3, fin des *Bombycites* et commencement des *Noctuélides* ; tome 4, fin des *Noctuélides* ; tome 5, *Phalénides* ; tome 6, *Pyralides* et *Crambydes* ; tome 7, *Tinéides* et *Ptérophorides* : tome 8, *Tortricides*.

Chaque volume, imprimé sur papier collé, sera divisé en 4 ou 5 livraisons, dont chacune comprendra 4 feuilles in-4°, et qui paraîtront à des intervalles rapprochés.

Prix de chaque livraison, ... 2 fr.

La dernière livraison du tome 1ᵉʳ sera accompagnée d'une planche au trait, dessinée par un des auteurs, et comprenant tous les caractères des genres des Diurnes, ainsi que l'explication de tous les termes dont on s'est servi dans le courant de cet ouvrage.

On peut souscrire séparément au tome 1ᵉʳ, comprenant tous les Diurnes.

———

ICONOGRAPHIE

ET

HISTOIRE NATURELLE

DES CHENILLES.

—

TOME SECOND.

(CRÉPUSCULAIRES.— NOCTURNES)

DICTIONNAIRE

UNIVERSEL

D'HISTOIRE NATURELLE

RÉSUMÁNT ET COMPLÉTANT

Tous les faits présentés par les encyclopédies, les anciens dictionnaires scientifiques, les œuvres complètes de Buffon, de Lacépède, de Cuvier, et par les meilleurs traités spéciaux sur les diverses branches des sciences naturelles; donnant la description des êtres et des divers phénomènes de la nature; l'étymologie et la définition des noms scientifiques, les principales applications des corps organiques et inorganiques à l'agriculture, à la médecine, aux arts industriels, etc.,

Par une Société de Naturalistes, professeurs au Jardin des plantes,

SOUS LA DIRECTION

De M. CHARLES D'ORBIGNY.

Le Dictionnaire universel d'histoire naturelle forme 12 gros volumes 1/2, divisés chacun en *deux parties* grand in-8, à double colonne.

De belles planches, gravées sur acier par les plus habiles artistes de Paris, représentant plus de 1,200 sujets, et destinées surtout à faciliter l'intelligence des articles généraux, accompagnent *chaque partie*.

Prix de *chaque partie* comprenant 24 feuilles d'impression et 12 planches noires. 9 fr. »

Avec figures coloriées. 16 fr. 50

L'ouvrage est complet.

PARIS. — Imprimerie de L. MARTINET, rue Mignon, 2
(quartier de l'École de-Médecine).

ICONOGRAPHIE

ET

HISTOIRE NATURELLE

DES

CHENILLES

POUR SERVIR DE COMPLÉMENT

A L'HISTOIRE NATURELLE DES LÉPIDOPTÈRES

OU PAPILLONS DE FRANCE,

DE MM. GODART ET DUPONCHEL;

PAR

MM. DUPONCHEL ET GUÉNÉE.

Membres de la Société entomologique de France, etc.

—

TOME SECOND.

(CRÉPUSCULAIRES. — NOCTURNES)

Avec 56 planches coloriées représentant 109 variétés.

———

PARIS,

GERMER BAILLIÈRE, LIBRAIRE-ÉDITEUR,

17, RUE DE L'ÉCOLE-DE-MÉDECINE;

BUREAU DU DICTIONNAIRE UNIVERSEL D'HISTOIRE NATURELLE, DE M. Ch. D'ORBIGNY,

RUE MIGNON, 2 (quartier de l'École-de-Médecine).

LONDRES,	MADRID,
H. Baillière, 219, Regent-Street.	C. Bailly-Baillière, Calle del Principe, 11

1849.

AVERTISSEMENT

POUR LE TOME SECOND.

L'Iconographie, ou l'histoire naturelle des chenilles, a été publiée en 31 livraisons.

Les onze premières ont épuisé tous les matériaux que M. Duponchel possédait sur la famille des *diurnes*, et forment le premier volume.

M. Duponchel avait réuni de nombreux dessins sur les chenilles des *crépusculaires* et des *nocturnes*, mais il existait de telles lacunes entre eux qu'il lui a été impossible de les publier dans un ordre méthodique, comme il l'a fait pour ceux des *diurnes*.

Le texte du tome second est sans pagination, et les descriptions, au lieu de se suivre, commencent toujours chacune sur le recto du feuillet, de sorte qu'on a pu les séparer et les réunir ensuite par

genres et par tribus, aux planches qui leur correspondent. A cet effet, chaque page a pour titre le
nom de la tribu gravé en tête de la planche cor-
respondante, et au-dessous de ce titre sont indi-
qués le nom et le numéro sous lesquels l'espèce décrite est représentée sur cette même planche.

Cette marche a permis de publier plus rapidement et sans interruption, jusqu'en 1837, toutes
les chenilles dont on avait les dessins, et de donner
successivement celles que l'on faisait dessiner à
mesure qu'elles tombaient sous la main.

Pour la rédaction et la publication de ce tome
second, M. Duponchel s'était adjoint M. Guénée,
membre de la Société entomologique de France,
et naturaliste très distingué.

Malheureusement depuis 1837, plusieurs cir-
constances et la mort de M. Duponchel n'ont pas
permis de terminer cette belle publication.

TABLE DES MATIÈRES

DU TOME SECOND.

CRÉPUSCULAIRES.

NOCTURNES.

FIN DE LA TABLE DES MATIÈRES DU TOME SECOND ET DERNIER.

SPHINX DU LISERON.

SPHINX CONVOLVULI. Pl. 1, fig. 2. a. c.

Crépusculaires, *God.*, tom. III, pag. 26, pl. 16.

CETTE chenille offre un grand nombre de variétés, qui se réduisent néanmoins à deux types principaux, celles à fond vert et celles à fond brun.

Dans les individus à fond vert, on observe trois variétés. La première, qui est celle qu'on rencontre le plus ordinairement et que nous avons figurée, est d'un vert foncé, avec sept bandes obliques noires sur les côtés, lesquelles aboutissent sur le dos, à deux raies longitudinales de la même couleur, souvent à peine marquées et toujours interrompues à chaque anneau. Ces bandes, qui ne commencent qu'à partir du quatrième anneau, et dont la dernière se termine à la corne, sont légèrement bordées de blanc dans leur partie inférieure. On remarque en outre deux taches noires sur le dos du troisième et quatrième anneau, quatre très-petites sur le deuxième, et deux très-grosses placées latéralement sur la jointure des premier et deuxième anneaux. La tête est d'un vert un peu jaunâtre, avec cinq raies noires perpendiculaires, dont celle du milieu se divise en deux dans sa partie inférieure. Les pattes écailleuses sont noirâtres, et les membraneuses vertes, avec la couronne grise. La corne est lisse et de couleur fauve ou ferrugineuse, avec son extrémité noire. Les stigmates sont couverts par des taches noires orbiculaires. Enfin l'extrémité du dernier anneau, ou le chaperon de l'anus, est d'un jaune orangé.

La seconde variété ne diffère de celle que nous venons de décrire que parce qu'elle est d'un vert plus clair, avec des bandes obliques latérales entièrement blanches, et parce que les deux raies dorsales sont remplacées chez elle par deux rangées de points noirs.

La troisième variété est d'un vert terne, avec six rangées longitudinales de taches noirâtres ou brunâtres, et la tête et la corne d'un fauve-ferrugineux.

Les individus à fond brun offrent également trois variétés assez tranchées, dont nous avons représenté la plus commune : elle est d'un brun-feuille-morte sur le dos, blanche sur les côtés, et couleur de chair sous le ventre, avec sept bandes obliques d'un brun plus foncé sur les côtés, et une bande latérale d'un jaune-paille,

qui est continue sur les trois premiers anneaux,
et qui, à partir du quatrième, s'interrompt au
milieu de chacun d'eux. Les stigmates sont bordés de blanc, et placés sur des taches brunes
orbiculaires qui se réunissent aux bandes obliques sus-mentionnées. La tête est d'un fauve-
pâle, avec les mêmes lignes noires que dans la
première variété verte que nous avons décrite.
Les pattes écailleuses sont noirâtres, et les membraneuses couleur de chair, avec la couronne
grise. L'extrémité du dernier anneau, ou le chaperon de l'anus, est d'un jaune orangé; enfin la
corne est entièrement noire.

Dans la seconde variété, on remarque quatre
raies longitudinales d'un blanc sale sur les trois
premiers anneaux, dont deux dorsales et deux
latérales, avec deux points de la même couleur
sur les autres anneaux, placés près de la jointure de chacun d'eux.

La troisième variété est entièrement d'un
brun-terreux, avec le dos et des bandes obliques d'un brun plus foncé.

Outre ces six variétés, on en rencontre d'intermédiaires; mais il est à remarquer que dans
toutes celles à fond brun, le corps est sillonné
circulairement d'une multitude de stries noirâtres, qui sont coupées par d'autres dans le sens
longitudinal, de manière à former autant de petits carrés.

Cette chenille vit sur plusieurs espèces de *liserons*, mais plus particulièrement sur celui des champs (*convolvulus arvensis*); c'est dans les endroits où abonde cette plante qu'il faut la chercher après la moisson, c'est-à-dire en juillet et août : elle se tient cachée au pied de la plante, sous les feuilles ; mais la grosseur de ses crottes sert à la faire découvrir. On la trouve aussi quelquefois dans les jardins sur le *convolvulus tricolor* et l'*ipomea coccinea* , et plus rarement encore sur le *liseron des haies* (*convolvulus sepium*). Elle s'enterre pour se transformer comme celle du Sphinx *Ligustri*.

Sa chrysalide est d'un brun-jaunâtre, avec la gaîne de la trompe très-longue, détachée de la poitrine, arquée, et roulée en demi-spirale à son extrémité.

L'insecte parfait éclôt en septembre de la même année ; mais cela n'a lieu que pour les chenilles qui se sont transformées à la fin de juillet ; les chrysalides de celles qui ont été plus tardives passent l'hiver, et n'éclosent qu'en mai ou juin de l'année suivante.

Le Sphinx du *Liseron* est répandu dans toutes les parties tempérées de l'Europe, et n'avance pas autant vers le nord que le Sphinx du *Troëne*. On le trouve aussi en Afrique, aux Indes orientales, et même dans les îles de l'Océan Pacifique, suivant M. Boisduval.

DÉILÉPHILE DU NÉRION.

DEILEPHILA NERII. Pl. 2, fig. 2. a. b.

Crépusculaires, *God.*, tom. III, pag. 12, pl. 13.

CETTE chenille est du nombre de celles que l'on nomme vulgairement *Cochonnes*, parce que leurs deux premiers anneaux, qui sont rétractiles et qui rentrent sous le troisième, dans l'état de repos, s'allongent de manière à imiter le groin d'un cochon, ou mieux encore la trompe d'un éléphant, lorsqu'elles mangent ou qu'elles changent de place. Cependant, malgré cette ressemblance peu avantageuse pour elles, celle dont il s'agit n'en est pas moins remarquable par sa beauté, qui égale celle du papillon qu'elle produit.

Elle varie pour le fond de la couleur; mais elle est ordinairement d'un beau vert, dont la nuance est plus claire sur les trois premiers anneaux que sur le reste du corps. Ce qui frappe d'abord, en la voyant, ce sont deux grandes taches oculaires, placées sur le troisième anneau; elles sont d'un bleu d'azur, cernées de noir, et

pupillées de blanc. Les autres anneaux, à l'exception du quatrième et du dernier, sont tra-
versés de chaque côté par une bande étroite
blanche, qui se termine en mourant à la base de
la corne dont nous parlerons plus bas. Cette
bande, quelquefois bordée de bleuâtre dans
sa partie supérieure, est toujours accompagnée,
en-dessus comme en-dessous, de points blancs
parsemés sans ordre, et dont quelques-uns se
voient sur le quatrième anneau. Les stigmates
sont noirâtres et finement bordés de blanc. Les
pattes écailleuses et la tête, qui est très-petite,
sont de la couleur des trois premiers anneaux.
Les pattes membraneuses participent de celle
des autres anneaux. Enfin, la corne est courte,
obtuse, granuleuse, courbée en arrière et d'un
jaune orangé.

Quelques jours avant sa transformation, cette
chenille perd entièrement sa beauté, elle devient brune sur le dos et d'un jaune sale sur le
reste du corps. Sa voracité est incroyable, aussi
prend-elle son accroissement en très-peu de
temps. Elle vit exclusivement sur le *nérion* ou le
laurier-rose (*nerium oleander*). On la trouve
parvenue à toute sa taille en août et septembre,
et son papillon éclôt en octobre, et même jusqu'en novembre, si le climat ou la température
le permet. Dans le cas contraire, l'éclosion

est retardée jusqu'au mois de juin de l'année suivante.

De même que la plupart des chenilles *Cochonnes*, celle-ci ne s'enfonce pas dans la terre pour se chrysalider; elle se fabrique une espèce de coque avec des débris de feuilles qu'elle réunit par des fils, au pied de l'arbuste sur lequel elle a vécu.

La chrysalide est allongée, d'un brun-noisette, finement striée de brun plus foncé, avec une tache noire très-apparente sur chaque stigmate.

La chenille dont il s'agit n'est pas toujours aussi belle que nous l'avons représentée; on en rencontre quelquefois des individus entièrement bruns, mais du reste avec le même dessin que ceux de couleur verte. On en rencontre aussi qui ont quatre lunules bleues au lieu de deux; mais cette variété est très-rare. Dans son jeune âge elle est jaune, avec la corne noire et très-longue.

Le Sphinx du *Nérion* est une espèce propre aux pays où l'arbuste qui lui donne son nom croît spontanément, tels que l'Afrique, les parties méridionales de l'Asie, la Grèce, l'Italie, l'Espagne, et la Provence. Si on le trouve quelquefois dans d'autres contrées de l'Europe, ce n'est qu'accidentellement, et dans les jardins où le *nérion* se cultive en caisse; mais il est rare que dans ce cas il se propage de lui-même plusieurs années de suite.

Nota. La chenille dont nous donnons là figure d'après un dessin de M. Jourdin‑Pellieux, a été trouvée en famille par un de ses amis sur un nérion simple en caisse, dans une maison de campagne appelée Éguilly, dans les environs de Beaugency. Sur six individus dont se composait cette famille, il s'est rencontré une variété que M. Jourdin‑Pellieux regrette de n'avoir pas copiée : elle portait quatre lunules bleues au lieu de deux, comme nous l'avons dit plus haut.

SPHINX DU PIN.

SPHINX PINASTRI. Pl. 2, fig. 1. a. b.

Crépusculaires, *God.*, tom. III, pag. 30, pl. 17, fig. 1.

CETTE chenille change plusieurs fois de couleur avant d'arriver à toute sa taille ; la figure que nous en donnons la représente après sa dernière mue. Elle est alors d'un assez beau vert, avec une bande dorsale d'un brun-rougeâtre, et trois raies latérales d'un jaune-citron. La bande dorsale est renflée sur le milieu de chaque anneau, et les raies ou bandes latérales ne sont pas continues, mais composées de taches oblongues qui se touchent plus ou moins. On remarque sur le premier anneau une plaque écailleuse ovale, d'un jaune d'ocre, et coupée longitudinalement par cinq raies d'un brun-noir qui se prolonge sur la tête. Celle-ci est également couleur d'ocre, avec les mâchoires noires ; sur le dos des autres anneaux, on voit deux petites taches noires, carrées, placées latéralement sur le bord postérieur de chacun d'eux. Le corps est en outre sillonné circulairement par un grand nombre de rides noirâtres. On en compte sépt ou huit sur chaque anneau, excepté sur le premier et les deux derniers, où elles sont en moins grand nombre. Les stigmates sont orangés et cernés de noir. Les pattes écailleuses sont jaunâtres, et les membraneuses, qui sont d'un blanc sale, ont vers leur origine une petite plaque noire qui semble être écailleuse; enfin, la corne est noire et chagrinée.

En sortant de l'œuf, cette chenille est presque entièrement jaune. Ce n'est qu'après la première mue qu'elle verdit, et que les bandes latérales jaunes commencent à paraître. A la seconde mue, ces bandes paraissent davantage, parce que le vert devient plus foncé. Enfin, à la troisième mue, son dos brunit, et elle prend définitivement sa dernière livrée, c'est-à-dire celle sous laquelle nous l'avons décrite et figurée.

Dans la description que Degeer fait de cette chenille, il dit que sa couleur principale est une espèce de lilas mêlé de blanc sale; mais il est à remarquer qu'elle était sur le point de s'enterrer pour se chrysalider lorsqu'il la trouva, et qu'elle avait par conséquent perdu son éclat comme toutes celles qui sont dans cette position.

Cette chenille vit sur différentes espèces de *pins*. Elle est très-vorace et croît rapidement. Quoiqu'elle ait la peau ferme et dure, elle souffre difficilement qu'on la touche, et cherche à mordre les doigts qui la prennent , car ses mâchoires sont très-fortes ; elle s'enterre , vers la fin de juillet, au pied de l'arbre qui l'a nourrie , pour se changer en chrysalide, et son papillon n'éclôt que dans les premiers jours de juin de l'année suivante.

Sa chrysalide ressemble beaucoup à celle du Sphinx *Ligustri*, mais elle est plus petite , et la gaîne de la trompe est détachée de la poitrine dans le milieu de sa longueur.

Le Sphinx du *Pin* n'est pas aussi répandu que les deux espèces précédentes : on ne le trouve que dans certaines contrées de l'Europe. Ceux que je possède dans ma collection ont été pris dans les environs de Valenciennes , où il n'existe cependant pas de forêts de *pins*, mais seulement quelques arbres isolés de cette espèce dans des parcs. Il paraît au reste qu'il n'est pas rare dans les environs de Lyon et dans les landes de Bordeaux. On le trouve aussi dans la forêt de Fontainebleau, suivant Godart ; mais l'espoir qu'il avait de le voir se propager au bois de Boulogne, où l'on a fait de nombreuses plantations de pins, ne s'est pas encore réalisé, du moins à ma connaissance.

PTÉROGON DE L'OENOTHÈRE.

PTEROGON OENOTHERÆ. Pl. 3, fig. 1.

Crépusculaires, *God.*, tom. III, pag. 52, pl. 19, fig. 2.

LE dos est d'un gris-bleuâtre foncé, réticulé de noir. Le ventre et les côtés sont d'un blanc légèrement rosé. Ceux-ci sont marqués en outre, sur chaque anneau, d'un trait oblique noir mal arrêté sur ses bords, et qui va se perdre dans la couleur du dos. La partie inférieure de ces traits se dilate en forme de tache arrondie, et c'est sur ces taches que sont placés les stigmates de couleur rouge, et bordés par un demi-cercle bleuâtre du côté postérieur. La corne du pénultième anneau est remplacée ici par une plaque orbiculaire luisante, qui ressemble un peu à un œil de perdrix; elle se compose d'une prunelle noire, et d'un iris rouge ou jaune orangé. Le ventre est marqué entre les pattes d'une rangée de taches noires. La tête et le premier anneau sont d'un gris-bleuâtre uni, ainsi que les pattes écailleuses. Les membraneuses sont couleur de chair, et légèrement bordées de noirâtre à leur extrémité.

Avant la dernière mue, la couleur du dos est presque noire, et la plaque écailleuse du pénultième anneau est plus bombée et d'une couleur plus vive.

Cette chenille, comme celle du *Vespertilio*, vit particulièrement dans les régions sous-alpines et méridionales de l'Europe, sur l'*epilobium angustifolium*. Cependant elle s'avance plus au nord que celle-ci, puisqu'on la trouve quelquefois dans le centre de la France, et même aux environs de Paris (1), sur les *epilobium roseum* et *montanum*. Elle est assez difficile à trouver, parce que, dans le jour, elle se cache sous les pierres à quelque distance de la plante sur laquelle elle vit. Elle paraît dans le courant de juillet ; parvenue à toute sa taille à la fin de ce mois, elle s'enveloppe de débris de feuilles sèches assujetties par des fils, pour se chrysalider ; et son papillon éclôt l'année suivante, dans les premiers jours de juin.

La chrysalide est petite relativement à la grosseur de la chenille. Elle est d'un brun-rougeâtre, avec les stigmates noirs, et la pointe anale longue et aiguë.

Le Sphinx de l'*OEnothère* n'est pas rare dans les environs de Lyon, de Grenoble, et surtout

---

(1) à Arcueil et à la mare de Ville-d'Avray, suivant Godart.

de Florac dans le département de la Lozère, où je trouvai abondamment sa chenille lors du premier voyage que j'y fis en 1817.

D'après le nom donné à ce Sphinx, il faut que sa chenille ait été trouvée la première fois sur l'*œnothère bisannuelle,* qu'elle mange voloutiers en captivité. Le fait est cependant que dans les pays qu'elle habite plus particulièrement, on ne la trouve jamais que sur l'*epilobium angusti-folium,* bien que des pieds d'*œnothère* croissent souvent à côté de la première plante.

Nota. La figure que nous donnons de cette chenille a été faite d'après un individu qui n'était pas encore parvenu à toute sa taille; voilà pourquoi il est plus petit et plus foncé en couleur sur le dos que ne le sont ordinairement ceux qui ont acquis tout leur développement.

DÉILÉPHILE VESPERTILIO.

———

DEILEPHILA VESPERTILIO. Pl. 3, fig. 1. a-c.

———

Crépusculaires, *God.*, tom. III, pag. 178, pl. XVII *tert.* fig. 1.

CETTE chenille est en-dessus d'un gris-cendré, tirant un peu sur le verdâtre et finement réticulé de noir et de brun, avec deux taches d'un blanc rosé ou couleur de chair sur chaque anneau, excepté le premier et le dernier qui en sont privés. Les taches sont quadrangulaires, à angles arrondis sur les sept anneaux intermédiaires, et de forme elliptique sur les autres. Celles du onzième anneau tendent à se rapprocher par leur extrémité postérieure, comme pour aller rejoindre la base de la corne qui, ici, est absolument nulle. La tête et le dessus du premier anneau sont d'un gris-bleuâtre. Le reste du corps, c'est-à-dire les côtés et le dessous sont d'un gris-incarnat plus ou moins pâle, avec les pattes roses. Les stigmates sont jaunes et finement bordés de noir ; ils sont ici très-petits et à

peine visibles. Dans son premier âge, cette chenille ressemble beaucoup à celle d'une Noctuelle : elle est verte, avec quatre lignes blanches
longitudinales, dont deux dorsales et deux latérales, marquées chacune d'un point fauve ou aurore sur chaque anneau. A la seconde ou troisième mue, elle devient d'un gris-verdâtre, avec
les mêmes lignes et les mêmes points; mais ceux-
ci sont bordés de noir.

Cette chenille vit sur l'*épilobe à feuille de ro-
marin* (*epilobium angustifolium*) , qui croît
abondamment sur les bords des torrents et des
ruisseaux, dans les montagnes sous-alpines de
la Suisse, de l'Italie et du midi de la France.
Elle ne s'enterre pas pour se chrysalider; mais,
comme toutes celles du même genre, elle s'enveloppe de débris de feuilles et de mousses
qu'elle réunit par quelques fils. Elle paraît deux
fois, en juillet et à la fin de septembre. Les papillons de la première génération se dévelop-
pent la même année, ceux de la seconde n'é-
closent qu'au mois de juin de l'année suivante.

La chrysalide (1) est plus allongée que celle de
l'*Euphorbiæ*. Elle conserve une teinte verdâtre

---

(1) Elle a été représentée beaucoup trop grosse pour la
chenille; mais sa forme est exacte.

dans sa partie antérieure, jusqu'à l'éclosion du papillon ; le reste est d'un brun-rougeâtre.

Le *Vespertilio* n'est pas rare dans le midi de la France, principalement dans le département de la Lozère, où j'ai trouvé abondamment sa chenille dans les environs de Florac, lors de mon dernier voyage en 1833. J'en ai rapporté deux chrysalides, qui me sont écloses cette année (1834), l'une le 20 juin et l'autre le 9 juillet. Il y a lieu de croire que leur éclosion aurait eu lieu en août 1833, si elles étaient restées dans le pays, attendu que leurs chenilles appartenaient à la première génération.

[illegible]

DÉILÉPHILE DU TITHYMALE.

DEILEPHILA EUPHORBIÆ. Pl. 4, fig. 1. a. b.

Crépusculaires, *God.*, tom. III, pag. 33, pl. 17.

CETTE chenille est une des plus remarquables du genre par l'éclat et la vivacité de ses couleurs, qui semblent recouvertes d'un vernis. Le fond en est d'un noir luisant, avec une multitude de petits points jaunes très-rapprochés et rangés en lignes circulaires dans le sens des anneaux. De chaque côté du corps, on voit deux rangées longitudinales de taches ordinairement de la couleur des points, mais quelquefois blanches. Celles de la rangée supérieure sont tantôt rondes, tantôt en forme de poires. Celles de la rangée inférieure, beaucoup plus petites, sont toujours en forme de larmes, et assez souvent teintées de rougeâtre. Indépendamment de cela, une bande étroite d'un rouge carmin règne sur le milieu du dos, depuis la tête jusqu'à l'extrémité du chaperon, qui recouvre l'anus, et une bande semblable se remarque au - dessus des pattes; mais celle-ci est entrecoupée de jaune et étranglée à chaque jointure. La tête, les pattes et la base de la corne sont également d'un rouge vif. La partie antérieure de la tête est marquée de deux points noirs, qui sont cachés en partie par le rebord du premier anneau. Les crochets des pattes écailleuses sont noirs, ainsi que l'extrémité de la corne : celle-ci est rugueuse.

Cette description ne s'applique qu'aux individus parvenus à toute leur taille ; dans leur jeune âge, ils sont d'un vert plus ou moins pâle, sans être pointillés de jaune, et chez eux les bandes longitudinales dont nous avons parlé plus haut sont jaunes au lieu d'être rouges.

La chrysalide est d'un gris-roussâtre finement strié de brun, avec les articulations ferrugineuses, et les stigmates noirâtres.

Cette chenille vit sur différentes espèces d'euphorbes ou de tithymales, mais principalement sur celle à feuilles de cyprès (*cyparissias*), du moins aux environs de Paris; car dans le midi de la France, sur les bords de la Méditerranée, où elle est très-commune, on la trouve le plus ordinairement sur l'euph. *paralias*. Elle est très-vorace et croît très-rapidement. C'est dans les plaines sablonneuses, abondantes en euphorbes, et sur le bord des chemins, qu'il faut la chercher. On commence à la trouver à la fin de juin, quelquefois même plus tòt, et sa métamorphose s'opère à la fin de juillet, ou au commencement d'août. L'insecte parfait éclòt un mois après dans les pays méridionaux, et il en est de même aux environs de Paris, lorsque l'été est très-chaud ; ce qui explique pourquoi on retrouve quelquefois des chenilles en septembre et en octobre. Mais le plus ordinairement la chrysalide passe l'hiver, et le papillon n'en sort qu'en juin de l'année suivante ; il arrive même quelquefois qu'il ne se développe qu'au bout de deux ans.

Le Sphinx du *Tithymale*, très-commun dans le midi et le centre de la France, devient très-rare passé le 48e degré de latitude nord.

DÉILÉPHILE DE L'HIPPOPHAÉ.

DEILEPHILA HIPPOPHAES. Pl. 4 , fig. 2. a. b.

Crépusculaires, *God.*, tom. III , pag. 173, pl. 17 *bis*.

DANS son jeune âge , cette chenille est d'un jaune-paille ; elle devient ensuite d'un vert-jaunâtre, puis d'un vert glauque plus obscur sur le dos que sur les côtés, avec une multitude de petits points blancs ou jaunâtres, rangés en stries transverses. On voit sur le dos deux lignes ou plutôt deux bandes étroites blanches, et quelquefois jaunâtres, qui partent du second anneau et vont aboutir à la base de la corne, où, avant d'arriver, elles se dilatent en deux taches oblongues de la même couleur que cette corne, c'est-à-dire orangées. Une autre bande blanche légèrement sinuée inférieurement, règne de chaque côté du corps entre les pattes et les stigmates. Ceux - ci sont ovales, fauves, et bordés de noir. Le ventre est blanchâtre. La tête est d'un gris - verdâtre. Les pattes écailleuses sont couleur de chair, avec leur extrémité noire ; les membraneuses sont anssi de cette couleur, et le ventre est d'un blanc-verdâtre. La corne, comme nous l'avons dit plus haut, est orangée; mais elle est noire du côté convexe; elle est mince et légèrement rugueuse.

On rencontre parfois des individus chez lesquels les deux raies dorsales sont marquées d'une série de taches orbiculaires rougeâtres qui vont en diminuant de grandeur de la queue à la tête, et finissent ordinairement par deux ou trois points de la même couleur sur les premiers anneaux.

Cette chenille vit exclusivement sur l'*hippophaé* ou *argousier* (*hippophae rhamnoides*). Godart dit qu'il faut la chercher de grand matin ou bien le soir à la lumière, attendu que pendant la chaleur du jour, elle se tient si bien cachée sous la mousse ou sous les herbages, qu'il est presque impossible de la découvrir. M. Boisduval dit au contraire qu'elle se tient constamment à découvert sur la plante. Ne l'ayant jamais trouvée, nous ignorons lequel de ces deux auteurs a raison. Quoi qu'il en soit, elle paraît deux fois, d'abord en juin et juillet, puis en septembre et octobre. Lorsqu'elle est sur le point de se métamorphoser, elle se construit, à la surface de la terre, avec des débris de plantes, une coque informe où il n'entre que peu de soie, comme toutes celles du même genre.

La chrysalide ressemble beaucoup à celle du *Tithymale*; seulement elle est un peu moins allongée.

Le Sphinx de l'*Hippophaé* passait pour tellement rare il y a une douzaine d'années (1822), que des amateurs l'ont payé jusqu'à trois cents francs. Aujourd'hui il n'est pas de si mince collection qui n'en possède un ou plusieurs individus. On a d'abord découvert la chenille sur les bords de l'Arve, dans les environs de Genève , en 1818; depuis elle a été trouvée en abondance sur les bords du Drac, dans les environs de Grenoble. Il y a lieu de croire qu'elle existe partout où croît l'hippophaé.

DÉILÉPHILE PETIT-POURCEAU.

DEILEPHILA PORCELLUS. Pl. 5, fig. 1. a b.

Crépusculaires, *God.*, tom. III, pag. 5o, pl. 19, fig. 1.

CETTE chenille, à la taille près, ressemble beaucoup à celle de l'*Elpenor*; comme elle, elle est verte dans son jeune âge, mais il est rare qu'elle conserve cette couleur jusqu'à sa métamorphose. Le plus souvent elle devient d'un brun foncé finement strié de noir, après la troisième mue. Comme celle de l'*Elpenor*, elle a deux taches latérales orbiculaires sur chacun des troisième, quatrième et cinquième anneaux, qui sont beaucoup plus renflés que les autres. Les deux premières taches sont entièrement noires et coupées par une ligne grise; les quatre autres sont ocellées, et leur prunelle est blanche, avec le centre roussâtre. Les stigmates sont blancs et cernés de noir. Le onzième anneau est dépourvu de corne; seulement on voit à sa place une petite verrue arrondie et à peine saillante. Le dessous du corps et les pattes membraneuses sont couleur de d'énumérer ici; mais c'est principalement sur le *troëne* (*ligustrum vulgare*), le *lilas* (*syringa vulgaris*) et le *fréne* (*fraxinus excelsior*), qu'il faut la chercher depuis la fin de septembre. Trois ou quatre jours avant de s'enfoncer dans la terre pour se chrysalider, ses belles couleurs se ternissent; elle jaunit sur le dos, et ses stigmates s'effacent. Il est à remarquer que cette chenille ne présente aucune variété, et qu'elle conserve la même livrée depuis sa sortie de l'œuf jusqu'à sa transformation en chrysalide; seulement sa peau est chagrinée dans son jeune âge, tandis qu'elle devient lisse et douce au toucher après sa dernière mue.

La chrysalide est d'un brun-marron, avec la gaîne de la trompe de médiocre longueur, très-saillante, mais non détachée de la poitrine comme dans celle du Sphinx du *Liseron*. La pointe anale est accompagnée vers son extrémité de deux autres petites pointes latérales. Cette chrysalide passe l'hiver, et l'insecte parfait n'en sort qu'au mois de juin de l'année suivante.

Le Sphinx du *Troëne* est répandu dans toute l'Europe; il est commun aux environs de Paris.

DÉILÉPHILE DE LA VIGNE.

DEILEPHILA ELPENOR. Pl. 5 , fig. 1. a. b.

Crépusculaires, *God.*, tom. III, pag. 46, pl. 18, fig. 3.

DE toutes les chenilles du genre *Déiléphile*, celle-ci est la plus connue et qui mérite le mieux le nom trivial de *Cochonne* qu'on leur a donné à toutes , à cause de la faculté qu'elles ont d'allonger et de raccourcir à volonté la partie antérieure de leur corps : cette faculté est en effet plus prononcée chez elle que chez toutes les autres, excepté peut-être celle du *Porcellus*. Elle est d'un assez beau vert dans son jeune âge, et quelques-unes conservent cette couleur jusqu'à leur métamorphose ; mais la plupart deviennent, après leur troisième mue, d'un brun plus ou moins obscur et finement strié de noir. Cette couleur, qu'on ne peut mieux comparer qu'à celle du radis noir, est plus foncée sur le dos que sur les côtés. Sur le quatrième et le cinquième anneau, on voit deux grandes taches noires orbiculaires, dont le centre est occupé par une espèce de lunule d'un brun olivâtre, et dont les bords sont d'un blanc violâtre. Une autre tache semblable, mais dont la lunule est à peine arrêtée, se voit aussi sur le troisième anneau. Deux lignes grises règnent de chaque côté du corps, depuis la tête jusqu'à la corne, qui est ici très-mince et très-courte. Ces lignes sont bordées de noir des deux côtés sur les deux premiers anneaux et sur le pénultième, et surmontées seulement d'une tache de la même couleur sur chacun des autres anneaux, excepté sur le troisième, le quatrième et le cinquième, où elles sont interrompues par les taches orbiculaires et ocellées dont nous avons parlé plus haut. D'autres lignes grises à peine marquées sont placées obliquement au-dessus des stigmates. Ceux-ci sont très-petits, blanchâtres, et cernés de noir. La tête est grise. Le ventre et les pattes membraneuses sont aussi de cette couleur; les pattes écailleuses sont jaunâtres, avec leur extrémité noire. La corne que nous avons dit être très-courte, est noire à la base et blanchâtre à son extrémité.

La chrysalide est d'un brun-jaunâtre, finement striée de noir sur l'enveloppe des ailes, avec les stigmates d'un noir luisant. Les anneaux de l'abdomen du côté du dos sont hérissés d'une rangée de petites épines noires.

Quoique le papillon produit par la chenille qui nous occupe se nomme vulgairement *Sphinx de la Vigne*, il est rare cependant de la trouver sur cette plante, dont elle s'accommode fort bien en captivité; elle vit de préférence sur les *épilobes*, et principalement sur les *epilobium palustre* et *hirsutum*. Il faut la chercher dans les endroits humides au bord des ruisseaux et des mares, à la queue des étangs, etc., depuis la fin de juillet jusqu'en septembre. Elle ne s'enfonce pas dans la terre pour se chrysalider; elle se construit à sa surface une coque informe, avec de la mousse et des feuilles sèches qu'elle réunit à l'aide de quelques fils de soie.

L'insecte parfait éclôt quelquefois en septembre, mais le plus ordinairement il passe l'hiver en chrysalide, et ne se développe que dans le courant de juin de l'année suivante.

Le Sphinx *Elpenor* est répandu dans toute l'Europe, et plus commun dans le nord que dans le midi.

BRACHYGLOSSE TÊTE DE MORT.

BRACHYGLOSSA ATROPOS. Pl. 6, fig. 1.

Crépusculaires, *God.*, tom. iii, pag. 16, pl. 14.

De toutes les chenilles connues en Europe, celle-ci est la plus grande : elle atteint jusqu'à quatre pouces et demi de longueur, sur huit lignes de diamètre, lorsqu'elle a pris tout son accroissement. Le fond de sa couleur est d'un jaune-citron, qui se change en vert sur les côtés et sous le ventre. Depuis et compris le quatrième anneau jusqu'au dixième inclus, elle est ornée latéralement de sept bandes obliques d'un bleu d'azur, lesquelles sont teintées de violet et lisérées de blanc du côté postérieur. Ces bandes, en se joignant sur le dos de chaque anneau, forment autant de chevrons parallèles entre eux, et dont les pointes sont tournées vers l'anus. Les trois premiers anneaux et les deux derniers sont entièrement lisses, tandis que les intermédiaires sont ridés transversalement et marqués en outre, excepté le dixième, d'un grand nombre de points noirs légèrement verruqueux, et dispersés, sans beaucoup d'ordre, entre les bandes dont nous venons de parler.

Sur le sommet du onzième anneau est placée une corne inclinée en arrière comme chez toutes les Sphingides qui en sont pourvues; mais ici elle a cela de particulier que son extrémité se recourbe en-dessus en forme de crochet. Cette corne est jaunâtre et très-rocailleuse, c'est-à-dire hérissée de tubercules coniques qui se touchent par leur base.

Les stigmates sont ovales, noirs et cernés de blanc. Les pattes écailleuses sont également noires et tachetées de blanc. Les pattes membraneuses sont de la couleur du ventre, avec la couronne noirâtre. Enfin, la tête est verte et marquée latéralement d'un trait noir.

Telle est la livrée la plus ordinaire de la chenille de l'*Atropos*; mais elle est très-sujette à varier : on en rencontre parfois des individus d'un vert uniforme, avec les chevrons d'un vert plus foncé et bordés de jaune antérieurement; d'autres dont le fond est entièrement jaune, avec des chevrons pourpres ou violets; d'autres enfin qui sont d'un brun feuille morte, avec deux lignes dorsales serpentantes, d'un brun-noirâtre et ponctuées de blanc; la corne d'un blanc-jaunâtre, et les trois premiers anneaux couleur de chair, avec une bande dorsale et des taches latérales d'un noir-verdâtre. Cette dernière variété est la plus rare. M. de Fonscolombe nous en a envoyé un dessin colorié, fait par madame de Saporta sa fille ; nous regrettons bien que le défaut d'espace nous ait empêché de le faire graver à côté de celui que nous donnons, et qui représente la variété la plus commune, telle que nous l'avons décrite.

Cette chenille vit sur la plupart des solanées, mais principalement sur la *pomme de terre* (*solanum tuberosum*) et sur le *liciet d'Europe* (*lycium europeum*). A défaut de ces plantes, elle mange fort bien les deux espèces de jasmins, jaune et blanc, qu'on cultive dans les jardins, mais de préférence le jaune, ainsi que j'en ai fait l'expérience l'automne dernier (1834), et cela contre l'assertion d'Engramelle, qui assure que, si on la trouve quelquefois sur ces arbustes, c'est parce qu'elle est près de se métamorphoser, et qu'elle n'a plus besoin de manger : car, dit-il, ayant eu occasion d'élever de ces chenilles dès leur sortie de l'œuf, il leur présenta d'abord des feuilles de jasmin auxquelles elles ne touchèrent point, et ensuite des feuilles de laitue-romaine qu'elles entamèrent avec avidité, en attaquant de préférence leurs côtes ; ce qui lui fit penser qu'elles pourraient bien préférer les tiges ou chicons aux feuilles : en effet, leur en ayant présenté, elles s'y enfoncèrent et continuèrent de s'en nourrir pendant six semaines, au bout desquelles, ajoute-t-il, elles périrent toutes par accident. Engramelle ne s'explique pas sur la nature de cet accident; mais il ne serait pas étonnant qu'il eût été occasioné par une nourriture trop aqueuse, nourriture qui pouvait convenir à de jeunes larves sortant de l'œuf, mais qui n'était pas assez substantielle pour celles qui avaient grossi.

Au surplus, il paraît que la chenille qui nous occupe se nourrit au besoin de plantes de genres très-différents, si l'on en croit les auteurs; puisque, suivant eux, on la trouve non-seulement sur celles que nous avons déja nommées, mais encore sur les *fèves de marais*, sur le *chanvre*, sur le *fusain*, et enfin sur le *prunier domestique*. Mais un fait constant, c'est que les étés secs et chauds, dans notre climat, sont plus favorables à sa multiplication que les étés froids et humides; ce qui prouve son origine australe: en effet, l'*Atropos* se trouve communément dans toute l'Afrique, les Indes orientales et l'Europe méridionale, et devient très-rare au-delà du 48e degré de latitude, en avançant vers le nord. Dans les environs de Paris, où l'on ne peut pas dire qu'il soit très-commun, on trouve sa chenille depuis le milieu de juillet jusqu'au commencement d'octobre. Elle s'enfonce dans la terre, comme la plupart des Sphingides, pour se changer en chrysalide, et son papillon éclôt ordinairement un mois ou six semaines après qu'elle s'est enterrée; mais cela n'a lieu que pour les chenilles qu'on trouve dans le courant de l'été, car celles qui n'atteignent toute leur taille qu'en septembre ou octobre, restent en chrysalide jusqu'en mai de l'année suivante, et il arrive souvent que les premières gelées font périr une partie de ces individus tardifs avant leur métamorphose.

La chrysalide est allongée et déprimée, ou aplatie dans sa partie antérieure, et cylindrico-conique dans sa partie postérieure, avec les incisions des anneaux légèrement chagrinées, les stigmates très-apparents, et une pointe à l'anus, noire, rugueuse, et très-finement bifurquée. Sa couleur générale est d'un brun-marron luisant, plus clair sur l'enveloppe des ailes que sur les autres parties.

C'est ici le cas de parler de l'espèce de cri plaintif que fait entendre le Sphinx *Atropos*, lorsqu'on le prend ou qu'on le contrarie. Plusieurs naturalistes ont voulu s'assurer de quelle partie de son corps partait ce cri, et chacun en a donné une explication différente. Réaumur l'attribue au frottement de la trompe contre les palpes. Un observateur cité par Engramelle prétend qu'il est occasioné par l'air renfermé sous les épaulettes, et chassé avec force par le mouvement des ailes. Le docteur Lorey dit qu'il a pour cause l'air qui s'é-chappe par la trachée qu'on voit aux deux côtés de la base de l'abdomen, et qui dans l'état de repos se trouve fermée par un faisceau de poils très-fins, réunis par un ligament qui prend naissance sur les parties latérales et internes de la partie supérieure de l'abdomen, lequel faisceau se di-late par la divergence des rayons qui le compo-sent, en formant un petit soleil ou astérique fort joli. Enfin, suivant M. le docteur Passerini, la tête serait le véritable siége de l'organe qui produit le bruit dont il s'agit, c'est-à-dire qu'il sortirait d'une cavité qui communique avec le faux conduit de la trompe, et à l'entrée de la-quelle sont placés des muscles assez forts, qui s'abaissent et s'élèvent successivement, de ma-nière que le premier mouvement fait entrer l'air dans cette cavité et l'autre l'en fait sortir. En effet, dit-il, que l'on coupe la trompe à sa base, le cri n'en continuera pas moins, tandis qu'il cessera tout à coup si l'on paralyse l'action des muscles dont on vient de parler, soit en les cou-pant en travers, soit en les traversant par une grosse épingle qu'on enfonce verticalement dans la tête.

A l'égard de l'explication donnée par M. Lorey, M. Passerini fait observer avec raison qu'elle pèche par la base, car le cri que fait entendre notre Sphinx est commun aux deux sexes, et cependant l'appareil décrit par M. Lorey, comme en étant le siége, n'existe que chez le mâle. D'ailleurs cet appareil se trouve plus ou moins développé chez les autres Sphingides, qui tous néanmoins ne font entendre qu'un bourdonnement fort différent du cri qui nous occupe.

Pour la première fois j'ai possédé un Sphinx *Atropos* vivant, l'automne dernier, et je me proposais de répéter sur lui les expériences de M. Passerini; mais il est mort avant que j'aie eu le temps de les commencer; seulement j'ai pu m'assurer, en déroulant sa trompe et en écartant ses palpes, de manière à empêcher tout frottement, que son cri n'en continuait pas moins d'être aussi fort qu'auparavant, ce qui est tout-à-fait contraire à l'assertion de Réaumur, et semblerait confirmer celle de M. Passerini; toutefois j'engage ceux des entomologistes qui sont à portée de se procurer des *Atropos* vivants, à vérifier les expériences de ce dernier observateur, car si son explication est exacte, elle fournirait l'exemple unique jusqu'à présent d'une sorte de voix dans un animal articulé (1).

____

(1) En effet, le cri de notre Sphinx ne saurait être

Quoi qu'il en soit, ce cri plaintif, joint à la figure lugubre que notre papillon porte sur son corselet, a suffi pour répandre l'alarme et l'effroi parmi le peuple de la Basse-Bretagne, en 1733 : en effet, il fut beaucoup plus commun que d'ordinaire cette année-là, et son apparition coïncidant avec une épidémie très-meurtrière, il n'en fallut pas davantage pour lui attribuer tout le mal, de sorte que les gens faibles et crédules ne le voyaient qu'avec frayeur, et le regardaient comme le messager de la mort.

Mais si notre Sphinx est fort innocent des maladies qui paraissent en même temps que lui, sa grande multiplication est un véritable fléau dans certains cantons où l'on s'occupe spécialement de la récolte du miel. Il est très-friand de cette substance, et lorsqu'il s'introduit dans une ruche pour s'en rassasier, il y cause une telle épouvante parmi les abeilles qu'elles prennent toutes la fuite, leurs nombreux coups d'aiguillon étant impuissants contre son épaisse fourrure.

---

rangé parmi les diverses espèces de bruit que font entendre beaucoup d'autres insectes, et qui ne consistent que dans les vibrations imprimées à l'air ambiant par des organes extérieurs. Ici, le mécanisme qui le produit est placé dans l'intérieur de la tête, et peut-être finira-t-on par découvrir que la cavité qui renferme ce mécanisme communique avec la poitrine de l'insecte.

SMÉRINTHE DEMI-PAON.

SMERINTHUS OCELLATUS. Pl. 7, fig. 1.

Crépusculaires, *God.*, tom. III, pag. 68, pl. 20, fig. 2.

ELLE a la peau rugueuse et comme chagrinée, et la tête triangulaire. Elle est tantôt d'un vert-pomme, et tantôt d'un vert-glauque, mais toujours pointillée de blanchâtre. Chacun de ses côtés est marqué de sept lignes obliques blanches, bordées antérieurement de vert plus foncé, et dont la dernière se termine à l'origine de la queue. Elle a en outre, sur les trois premiers anneaux, deux raies blanchâtres presque parallèles, et finissant sur le milieu du quatrième anneau. La tête est d'un vert - bleuâtre et bordée de jaune. Les stigmates sont d'un blanc-rosé et cernés de violâtre ou de ferrugineux. La corne est rugueuse, couleur bleu-de-ciel, avec l'extrémité verdâtre ou noirâtre. Les pattes écailleuses sont légèrement rougeâtres, et les membraneuses de la couleur du reste du corps, avec la couronne violâtre. Dans la variété vert-pomme, les lignes obliques sont ordinairement d'un blanc-jaunâtre, ou presque jaunes, et alors cette variété peut aisément se confondre avec la chenille du Smérinthe du *Peuplier*; mais elle s'en distingue toujours par les deux lignes parallèles dont elle est marquée sur les trois premiers anneaux, et qui manquent chez cette dernière.

Cette chenille vit sur les saules, principalement sur le *saule pleureur*, sur l'*osier*, sur le *peuplier noir* et celui d'*Italie*, sur le *tremble*, et le *pommier*. On la trouve aussi quelquefois sur le *pécher*, l'*amandier* et le *prunellier*. Elle a pris ordinairement tout son accroissement à la fin d'août, et même plutôt, et s'enterre pour se chrysalider. Celles qui vivent sur les vieux saules ne prennent pas la peine de descendre jusqu'à terre ; elles se chrysalident dans le *detritus* dont la tête de ces arbres est presque toujours remplie.

La chrysalide est finement chagrinée, d'un brun-marron foncé, avec l'anus arrondi et terminé par une pointe courté et obtuse. Elle passe l'hiver, et l'insecte parfait n'en sort qu'à la fin d'avril. Cependant il arrive quelquefois que des individus hâtifs éclosent dans le mois de septembre.

Le Smérinthe *Demi-Paon* se trouve communément dans une grande partie de l'Europe.

SMÉRINTHE DU PEUPLIER.

SMERINTHUS POPULI. Pl. 7, fig. 2.

Crépusculaires, *God.*, tom. iii , pag. 71 , pl. 20 , fig. 3.

ELLE a la peau rugueuse et comme chagrinée, avec la tête triangulaire. Elle est d'un beau vert-pomme pointillé de jaune, avec sept lignes obliques, également jaunes, de chaque côté du corps, dont la dernière aboutit à la corne. Celle-ci est rugueuse, jaunâtre en-dessus et rougeâtre en-dessous. Les stigmates sont blancs et bordés de rouge-fauve. Les pattes écailleuses sont entrecoupées de jaune et de rose : les membraneuses sont vertes et marquées extérieurement d'un trait arqué, fauve ou orangé. Enfin, la tête est d'un vert un peu plus foncé que le reste du corps, et enca-drée de jaune, avec les mandibules roses.

On rencontre quelquefois une variété qui a trois ou quatre rangées de taches ferrugineuses de chaque côté du corps. On en rencontre aussi une autre d'un vert presque blanc, dont les li-gnes obliques sont à peine indiquées , et qui est souvent ornée de deux rangées latérales de points roses. Celle - ci se trouve toujours sur le peuplier blanc, qui semble lui communiquer sa couleur, ainsi qu'au papillon qui en provient.

Cette chenille vit sur les différentes espèces de *peupliers* et de *trembles*, et quelquefois sur les *saules* et le *bouleau*. On la trouve depuis juillet jusqu'en octobre ; mais c'est principalement en septembre qu'il faut la chercher. Elle s'enterre pour se changer en chrysalide. Les chenilles, parvenues à toute leur taille en juillet, donnent leur papillon au bout de six semaines. Celles qu'on trouve en septembre passent l'hiver en chrysalide, et n'arrivent à l'état parfait qu'en avril ou mai de l'année suivante.

La chrysalide est d'un noir terne, plus courte que celle du Smérinthe du *Tilleul*, avec la pointe terminale très-aiguë et lisse à son extrémité.

Le Smérinthe du *Peuplier* est répandu dans toute l'Europe, mais plus communément au nord qu'au midi.

SMÉRINTHE DU TREMBLE.

SMERINTHUS TREMULÆ. (Pl. 8 , fig. 1.)

Supplément aux Crépusculaires. tom. 11. pag. 29. pl. 2. fig. 2. a. b. *Dup.*

Dans l'impossibilité de nous procurer en nature la chenille du Smérinthe du *Tremble* , qui n'a encore été trouvée que dans le centre de la Russie d'Europe, nous avons pris le parti d'en faire copier la figure dans le bel ouvrage de M. Fischer de Waldenheim, intitulé : Oryctographie du gouvernement de Moscou. D'après cette figure, qui nous a paru très-bien faite, mais qui malheureusement n'est accompagnée d'aucune description, la chenille dont il s'agit serait d'un vert-jaunâtre pâle, granulé de blanc, avec la tête d'un vert plus foncé et bordée de jaune, les stigmates orangés, la corne jaune en-dessus et ferrugineuse en-dessous, les pattes écailleuses roses et les membraneuses vertes, et enfin sept raies obliques d'un bleu pâle et bordées de blanc inférieurement de chaque côté du corps, lesquelles se réunissent sur la ligne médiane du dos, où

31

elles forment autant de chevrons dont le dernier aboutit à la corne.

Ainsi, autant qu'on peut en juger par une figure, cette chenille participerait à la fois de celles des Smérinthes du *Saule* et du *Peuplier*, dont elle ne diffère guère, en effet, que parce que les raies obliques se réunissent chez elle en chevrons au milieu du dos, tandis qu'elles sont marquées seulement sur les côtés chez ses congénères.

Voici maintenant la description que M. Treitschke donne de la même chenille, dans son Supplément (tom. x, 1re part., pag. 140). « Son « corps, dit-il, est d'un vert-clair, nullement « chagriné comme chez les espèces voisines, « mais entièrement lisse. La tête est plus arron- « die que cordiforme, et les raies obliques man- « quent, ou sont quelquefois remplacées par « des rudiments de lignes bleuâtres à peine mar- « quées. La corne est d'une longueur inusitée, « et chez plusieurs d'un beau rouge-carmin. « Quelques-unes de ces chenilles sont très-lui- « santes et comme enduites d'un vernis. »

Or, on voit que cette description contredit sur presque tous les points la figure d'après laquelle nous avons fait la nôtre. De quel côté est la vérité? c'est ce que nous n'avons pas les moyens de décider. Cependant nous ne pouvons nous empêcher de faire remarquer que M. Fischer de Waldenheim a donné des figures aussi fidèles que bien exécutées dans son Entomographie russe, ce qui est une garantie pour celles de son Oryctographie. Quant à M. Treitschke, il est vrai de dire qu'il a également fait preuve de beaucoup d'exactitude dans ses descriptions ; mais comme celle dont il est ici question n'a pas été faite par lui *ex visu*, mais d'après des renseignements dont il n'indique pas la source, ne peut-on pas supposer qu'ils étaient erronés ? car il est difficile de croire à l'existence d'une chenille de Smérinthe à peau lisse et à tête ronde, lorsque toutes celles de ce genre que l'on connaît ont la peau chagrinée et la tête cordiforme : toutefois, cette anomalie pourrait s'expliquer jusqu'à un certain point, en admettant que la description de M. Treitschke ne s'applique qu'à un individu observé dans son jeune âge , car alors les chenilles de Smérinthes diffèrent très peu de celles du genre Sphinx proprement dit, et ont surtout la corne très-longue comparativement à leur taille ; circonstance que mentionne encore la description de l'entomologiste de Vienne. Or , si cela est en effet, il n'est pas étonnant que cette description s'accorde si peu avec la figure de M. Fischer, puisque celle-ci représente un individu parvenu à toute sa taille.

Quoi qu'il en soit , la chenille du Smérinthe du *Tremble* n'a encore été trouvée que dans les environs de Moscou , et vit exclusivement sur l'arbre dont elle porte le nom (*populus tremula*). Elle est très-difficile à élever, dit M. Treitschke.

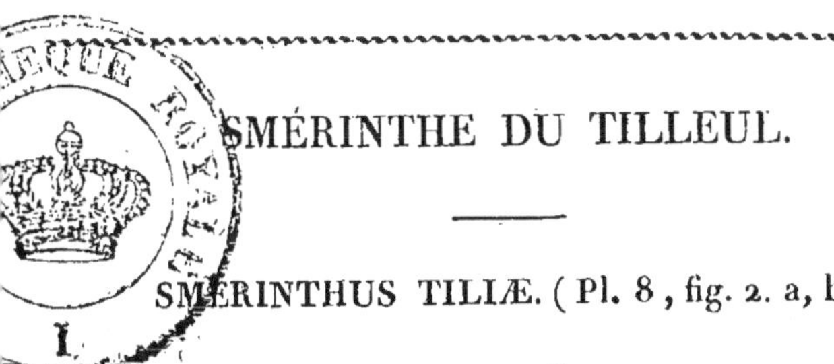

SMÉRINTHE DU TILLEUL.

——

SMÉRINTHUS TILIÆ. (Pl. 8 , fig. 2. a, b.)

——

Crépusculaires. *God.* tom. III. pag. 64. pl. xx. fig. 1.

CE qui distingue principalement cette chenille de celles des Smérinthes du *Peuplier* et du *Saule*, auxquelles elle ressemble beaucoup, c'est qu'elle a la partie antérieure du corps plus effilée, la tête plus petite, et l'anus surmonté d'une espèce d'écusson granuleux, de forme ovale.

Elle est d'un beau vert-pomme chagriné de jaune, et marquée de chaque côté de sept lignes obliques de cette même couleur et quelquefois bordées de rouge, dont la dernière se réunit à la corne du pénultième anneau. Cette corne est rugueuse, bleue en-dessus et jaune en-dessous. La tête est du même vert que le corps, et bordée de jaune. Les stigmates sont orangés, les pattes écailleuses couleur de chair, et les membraneuses vertes, avec la couronne d'un rouge-brun. L'écusson anal, dont nous avons parlé plus haut, est d'un bleu-violâtre au centre, et d'un jaune orangé sur les bords.

33

Cette chenille vit sur le *tilleul*, l'*orme*, et parfois le *marronnier d'Inde,* suivant Godart : ce que je puis affirmer, c'est que j'ai trouvé une fois le papillon venant d'éclore sur le tronc d'un châtaignier dans la Lozère, et cela dans une localité où il n'y avait point d'autres arbres ; d'où il est permis de conclure que sa chenille avait vécu sur celui-ci. Au reste, c'est principalement sur l'orme qu'il faut chercher la chenille dont il s'agit : on la trouve depuis le milieu d'août jusqu'à la fin de septembre ; elle s'enterre au pied de l'arbre qui l'a nourrie, pour se chrysalider, et ne donne son papillon qu'en mai ou juin de l'année suivante. Quelques individus tardifs n'éclosent qu'en juillet.

La chrysalide est d'un brun-terreux finement chagriné, et plus allongée que celle du Smérinthe du *Peuplier,* avec la pointe anale bifide et garnie d'épines jusqu'à son extrémité.

Le Smérinthe du *Tilleul* paraît répandu dans toute l'Europe, mais principalement dans sa partie tempérée. C'est une des espèces les plus communes aux environs ou plutôt dans l'intérieur de Paris ; car, malgré le grand nombre de chrysalides déterrées chaque année par les jeunes amateurs, on ne cesse de trouver le papillon en quantité, sur les ormes des boulevards, pendant la durée de son éclosion, c'est-à-dire pendant les mois de mai et de juin.

CALLIMORPHE DOMINULA.

CALLIMORPHA DOMINULA. (Pl. 3, fig. 1.)

Nocturnes. *God.* tom. iv. pag. 372. pl. xxxviii. fig. 2-4.

CETTE chenille, en sortant de l'œuf, est d'un jaune sale, avec la tête noire et des points obscurs sur le corps. Après la première mue, qui a lieu au bout de dix à douze jours, le corps devient noir, avec trois bandes d'un jaune-citron, maculaires et longitudinales, savoir : une sur le dos et une sur les côtés au-dessus des pattes. Ces bandes sont interrompues à chaque anneau par deux points blancs, vis-à-vis desquels sont placés, tant en dedans qu'en dehors, de petits tubercules bleuâtres d'où partent, en rayonnant, quelques poils grisâtres de médiocre longueur. Les stigmates sont noirâtres et peu apparents. La tête et le ventre sont cendrés. Les pattes écailleuses sont noires et les huit membraneuses brunes. Cette livrée est celle qu'elle conserve jusqu'à sa métamorphose, bien qu'elle change encore quatre fois de peau avant d'être arrivée à toute sa taille.

34

Elle vit sur une infinité de plantes basses, et quelquefois sur le *saule*. On l'élève très-facilement avec le *lamium album*, la *cynoglosse*, la *buglosse*, la *bourrache*, et même la *laitue*.

Elle éclôt à la fin de juillet ou au commencement d'août, et subit cinq mues avant de se métamorphoser, dont quatre avant l'automne et une cinquième et dernière au printemps de l'année suivante. A la fin de septembre, elle s'engourdit sous la mousse ou les plantes basses, et ne sort de sa léthargie qu'à la fin de mars ou dans les premiers jours d'avril. Parvenue à toute sa taille vers le milieu de mai, elle file alors une coque grisâtre ou blanchâtre d'un tissu léger et transparent, et s'y change en une chrysalide cylindrico-conique, d'un brun-marron, avec l'anus un peu en croissant et garni de petits crochets ferrugineux. L'insecte parfait en sort en juillet.

Il est à remarquer que lorsque plusieurs chenilles se trouvent réunies ensemble, elles se chrysalident sous une tente commune.

La Callimorphe *Dominula* se trouve dans une grande partie de l'Europe, principalement dans les contrées humides et marécageuses.

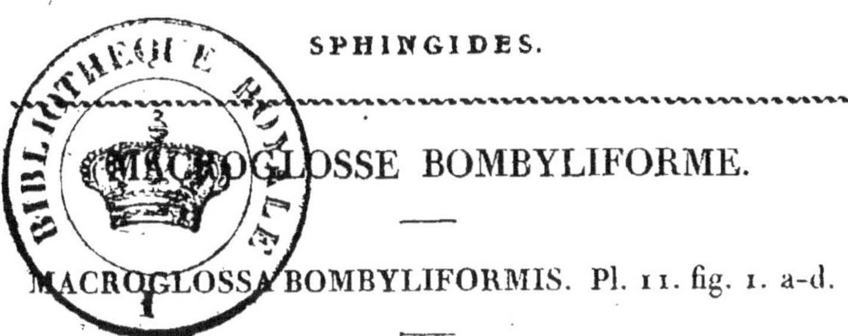

MACROGLOSSE BOMBYLIFORME.

—

MACROGLOSSA BOMBYLIFORMIS. Pl. 11. fig. 1. a-d.

—

Crépusculaires. *God.* tom. III. pag. 61. pl. 19. fig. 5.

CETTE chenille a la même forme que celle du
Fuciformis : comme elle, elle est ridée transversalement et finement chagrinée, avec la tête plus
grosse et moins globuleuse que celle du *Stellatarum*. Elle est d'un vert-pistache pointillé de
blanc-jaunâtre, avec des taches d'un rouge vineux ou lie de vin, qui varient de forme et de
grandeur suivant l'âge ou les individus, mais qui
sont toujours rangées sur deux bandes longitudinales de chaque côté du corps, dont une sous-
dorsale et une latérale. Tantôt ces taches sont
confluentes, comme dans la figure *a*, et, dans ce
cas, celles de la première rangée se joignent, par
un prolongement sur chaque anneau, à celles de
la seconde qui descendent jusque sur les pattes
membraneuses. Tantôt elles sont petites et isolées, comme dans les deux figures *b* et *c*, et
alors celles de la première rangée reposent sur
une ligne d'un jaune-verdâtre qui commence
au troisième anneau, et se termine à la base de
la corne du onzième, tandis que celles de la se-

conde forment comme des espèces de bouton-
nières placées obliquement sur les côtés de chaque anneau. Dans tous les cas, ces taches ne sont
bien marquées que sur les neuf derniers anneaux, et sont plus ou moins oblitérées sur les trois
premiers qui en manquent souvent totalement.
Les stigmates sont couverts par les taches latérales
dont nous venons de parler ; ils sont blancs,
elliptiques, cernés de noir et lavés de rose dans
leur milieu. La tête, plutôt ovale que ronde, est
verte, granulée, avec les parties de la bouche
roses. Toutes les pattes, à l'exception des anales
qui sont de la couleur du corps, sont d'un rouge
vineux, ainsi que la corne qui est légèrement
rugueuse, courte et très-pointue. Enfin le dessous du ventre est couleur lie de vin.

Cette chenille est plus rare ou du moins plus
difficile à trouver que celles du *Fuciformis* ou
du *Stellatarum*, ce qui provient de ce que les
endroits où elle se tient sont ordinairement très-
herbus. Elle vit sur les différentes espèces de
scabieuses, mais particulièrement sur la *scabieuse
des champs (scabiosa arvensis)* et *scabiosa sylvatica*. On la trouve depuis la fin de juin jusqu'en
octobre. Celles que nous avons fait figurer ont
été trouvées le 31 juillet sur les bords du canal
de l'Ourcq. A défaut de scabieuses des champs
et de celle des bois, nous avons essayé de les

nourrir avec celle des jardins, nommée vulgairement la veuve : elles en ont bien mangé ; mais
elles n'ont pas tardé à dépérir, et sont mortes
sans se transformer. Nous emprunterons donc à
M. Guenée, qui a donné une description complète de cette même chenille dans les Annales
de la Société entomologique de France, ce qu'il
dit de sa coque et de sa chrysalide. La première,
suivant lui, se compose d'un léger tissu de soie
d'un beau violet purpurin, et qui est recouvert
par de la mousse ou des feuilles retenues par des
fils ; la seconde est chagrinée d'un brun foncé,
avec les côtés du dos et les jointures des anneaux plus clairs. Nous ajouterons que cette
chrysalide ne diffère en rien de celle du *Fuciformis* (nous les avons toutes deux sous les yeux),
qu'elle se termine comme elle par une pointe
rugueuse aplatie à sa base, et qu'elle est également dépourvue de cette espèce de camail qui
surmonte la tête de celle du *Stellatarum.*

Le *Bombyliformis* paraît avoir deux générations par an, comme le *Fuciformis.* Les papillons
qu'on voit voler en mai proviennent de chenilles
écloses à l'arrière-saison, et dont les chrysalides
ont passé l'hiver. Ceux qu'on voit voler en août
et septembre proviennent de chenilles écloses
à la fin de juin, et qui subissent toutes leurs
métamorphoses en six semaines ou deux mois.

Je n'ai jamais rencontré cette espèce que dans les bois, tandis que le *Fuciformis* se trouve partout, et principálement dans les jardins où abonde le chèvrefeuille. Le *Bombyliformis* est très-commun en mai dans les allées de la forêt de Bondy.

DUPONCHEL.

Nota. Suivant Ochsenheimer et M. Boisduval, l'espèce que nous appelons ici, d'après Godart, *Bombyliformis*, serait le *Fuciformis* de Linné. Le fait est que Linné, dans sa phrase descriptive, parle d'une ceinture noire (abdomine barbato, cingulo nigro), qui ne peut s'appliquer qu'à notre *Bombyliformis*; mais d'un autre côté il dit que les ailes sont bordées de noir-pourpre (margine nigro atro-purpurescente), ce qui convient parfaitement à l'autre espèce; et d'ailleurs il renvoie à la figure de Roësel, qui représente bien notre *Fuciformis*. Ainsi, sa description peut s'appliquer aussi bien à une espèce qu'à l'autre. Cela viendrait-il de ce qu'il les aurait confondues ? C'est plus que probable, car il n'en nomme qu'une, et Roësel qui a représenté les chenilles de l'une et de l'autre, les rapporte toutes deux à une seule espèce, notre *Fuciformis*. Dans cet état de choses, nous croyons que Godart n'a pas eu tort d'appeler celle dont il s'agit ici *Bombyliformis*, comme l'ont fait Hubner et Fabricius; et dans tous les cas, nous avons dû suivre sa nomenclature, puisque cette Iconographie forme le complément de son ouvrage.

MACROGLOSSE MORO-SPHINX.

MACROGLOSSA STELLATARUM. Pl. 11. fig. 2. a-b.

Crépusculaires. *God*. tom. iii. pag. 55. pl. 19. fig. 3.

La chenille de cette Sphingide est ridée transversalement comme toutes celles du même genre.
Sa forme est cylindrique, et diminue de grosseur
de l'anus à la tête qui est très - petite et globuleuse. Elle offre plusieurs variétés pour le fond
de la couleur; mais le plus ordinairement elle est,
comme dans la figure, d'un vert tendre, avec huit
rangées transverses de petits points blancs granuleux et très-rapprochés, qui la rendent rugueuse ou chagrinée, et quatre raies longitudinales, dont deux sous-dorsales d'un blanc pur,
et deux latérales d'un blanc-jaunâtre ou d'un
jaune pâle. Les deux premières vont, en remontant et en s'élargissant, aboutir à la corne;
les deux autres se réunissent au clapet de l'anus,
et sont placées immédiatement au - dessous des
stigmates qui sont noirs. La tête est verte. Les
pattes écailleuses sont fauves ou rousses; les
membraneuses vertes comme le ventre, avec leur
couronne couleur de rose et surmontée d'un pe-

14

tit croissant d'un noir luisant. Enfin la corne qui est courte, presque droite et rugueuse, est d'un bleu obscur, avec son extrémité d'un jaune-orangé.

Nous avons dit que cette chenille présentait plusieurs variétés; on en rencontre en effet quelques-unes qui sont d'un vert-jaunâtre, d'autres d'un vert-noirâtre, d'autres enfin d'un brun-vineux, mais toujours chagrinées de blanc, et avec les quatre lignes dont nous avons parlé plus haut.

La chrysalide est allongée, avec la tête surmontée d'une espèce de casque ou de camail, comme celles des Sphinx *Nerii* et *Celerio*, et l'abdomen terminé par une pointe anale très-aiguë. Elle est d'un gris-blond, parsemé d'atomes bruns, principalement sur l'enveloppe des ailes, avec une ligne noire, médiane, qui se prolonge depuis la tête jusqu'à la base de l'abdomen. La peau de cette chrysalide est tellement fine et transparente qu'on peut suivre à travers les progrès que fait la formation du papillon jusqu'au moment de son éclosion, qui a lieu ordinairement au bout de trois semaines.

La chenille, avant de se métamorphoser, se renferme dans une coque informe qu'elle se fabrique avec des débris de feuilles retenus par quelques fils, et qu'elle place à la superficie de la terre.

Le *Moro-Sphinx* se trouvant toute l'année à l'état parfait, doit avoir nécessairement plus d'une génération par an; cependant nous n'avons jamais rencontré sa chenille qu'à la fin de l'été, c'est-à-dire en août et septembre : elle vit sur les différentes espèces de *caille-lait*, mais de préférence sur le *blanc* (*gallium mollugo*).

L'espèce dont il s'agit est répandue dans toute l'Europe et commune partout. Il n'est pas rare de rencontrer l'insecte parfait engourdi pendant l'hiver; c'est avec la Coliade *Citron* un des précurseurs du printemps.

DUPONCHEL.

SATURNIE GRAND PAON.

SATURNIA PYRI. (Pl. 1. fig. a-d.)

Nocturnes. *God.* tom. iv. pag. 60. pl. iv.

De toutes les chenilles de la tribu des *Bom-bycites*, celle - ci est à la fois la plus belle et la plus grande. Elle est longue de trois pouces un quart, lorsqu'elle est parvenue à toute sa taille, et grosse à proportion. Sa peau est très-lisse, et sa couleur d'un beau vert-pomme, avec des tubercules élevés de la même couleur, mais dont la tête, renflée et arrondie, est d'un beau bleu d'émail ou de turquoise, et surmontée de sept poils noirs disposés en étoile, et dont celui du centre, beaucoup plus long que les autres, se termine par une petite massue. On ne compte que quatre tubercules sur le premier anneau, de même que sur le dernier, tandis que les intermédiaires en ont chacun six. Au - dessous des stigmates, règne, dans toute la longueur de la chenille, une raie d'un vert plus pâle que le fond, et formant un rebord, sur lequel est placée la dernière rangée de tubercules. Les stigmates sont blancs et cernés de noir ; les pattes écailleuses sont d'un rouge un peu ferrugineux, ainsi que la couronne des membraneuses qui, du reste, sont de la couleur du corps, avec un demi-cercle noir placé au-dessus de cette couronne. Indépendamment de cela, on remarque trois espèces de plaques d'un rouge-brun sur le dernier anneau, deux latérales qui descendent jusqu'à l'origine des pattes anales, et une au milieu qui recouvre le chaperon de l'anus. Enfin, la tête est verte, avec la pièce triangulaire, qui sépare les deux calottes hémisphériques, finement bordée de noir, et les parties de la bouche roses.

Cette description ne s'applique qu'à la chenille adulte, car, en sortant de l'œuf, elle est d'un brun foncé, avec les tubercules roussâtres. La couleur du fond s'éclaircit à chaque mue, jusqu'à ce qu'elle devienne verte, en même temps que les tubercules sont successivement jaunes, roses, lilas, et enfin bleus. Sur quoi M. Jourdin-Pellieux, observateur aussi exact qu'habile peintre, fait cette remarque dans une lettre qu'il m'a écrite, savoir : que cette diversité de couleurs, qui constitue trois variétés constantes dans l'espèce du *Petit Paon*, ne caractérise dans celui-ci qu'une différence d'âge.

La chenille du *Grand Paon* vit sur un grand nombre d'espèces d'arbres, mais principalement sur l'*orme*, le *poirier*, le *pommier*, le *prunier*, l'*amandier*, et même le *fréne* et l'*aune*. Parvenue à toute sa taille dans le courant d'août, elle ne tarde pas alors à devenir d'un jaune sale ; ce qui est un indice certain qu'elle est sur le point de se métamorphoser. Elle quitte à cet effet l'arbre qui l'a nourrie, pour chercher un abri où elle puisse filer sa coque en toute sécurité. Elle choisit de préférence pour cela le dessous d'une corniche ou d'un toit ; mais, cependant, il lui arrive quelquefois de s'arrêter au tronc de l'arbre, si elle y trouve une protubérance ou une bifurcation qui remplisse son objet. Dans tous les cas, elle a soin de choisir le côté le moins exposé à la pluie.

Sa coque a la forme d'une poire ; elle se compose d'une espèce de feutre très-gommé de couleur brune, et recouvert de fils entremêlés aussi forts que des cheveux. Mais ce qu'elle offre de plus curieux, c'est la manière dont sont disposés les fils du petit bout par lequel le papillon doit sortir. Réaumur compare cette disposition à celle des osiers qui composent les entonnoirs d'une *nasse*, avec cette différence que les entonnoirs ferment au poisson la passage par où il est entré, tandis que les fils de la coque laissent librement sortir le papillon , et s'opposent au contraire à l'entrée de tout insecte ennemi. Pour se faire une idée nette de cette organisation, il faut partager une coque en deux dans toute sa longueur avec des ciseaux.

La chrysalide est cylindrique, courte, brune, avec l'enveloppe des antennes et les incisions des anneaux un peu plus claires. Son extrémité anale se termine par un petit bouquet de poils roides, dont les intermédiaires plus courts.

L'insecte parfait éclôt ordinairement au bout de neuf mois, c'est-à-dire à la fin d'avril ou au commencement de mai. Mais assez souvent cette éclosion n'a lieu que la seconde année, et il arrive même quelquefois qu'elle ne s'opère qu'au bout de trois ans.

Le *Grand Paon*, assez commun aux environs de Paris, ne se trouve plus à dix lieues au nord de cette capitale. J'ai envoyé plusieurs fois de ses œufs et de ses chrysalides à des amateurs de Valenciennes qui voulaient le naturaliser dans leurs environs ; ils n'ont pu y parvenir. La limite nord assignée par la nature à cette espèce la plus remarquable parmi les *Bombycites* d'Europe, paraît être le 48ᵉ degré de latitude. Les individus du midi de la France sont en général plus grands, et plus vivement colorés que ceux des environs de Paris.

SATURNIE PETIT PAON..

SATURNIA CARPINI. (Pl. 2. fig. a-h.)

Nocturnes. *God.* tom. iv. pag. 68. pl. v. fig. 2 et 3.

CETTE chenille est d'un vert - pomme foncé, avec une bande noire transverse sur chaque anneau, portant des tubercules dont la couleur est ou jaune, ou rose, ou orangée, et de chacun desquels partent, en rayonnant, sept poils noirs, roides, courts et d'inégale longueur. Ces tubercules sont au nombre de quatre sur le premier et sur le dernier anneau, et de six sur tous les autres. Il s'en échappe des gouttes d'une liqueur claire et fétide, lorsqu'on presse fortement la chenille entre les doigts. Les stigmates sont bordés de noir, et leur couleur varie comme celle des tubercules. Au - dessous des stigmates on voit une raie longitudinale d'un vert plus pâle que le fond, et sur laquelle sont placés les derniers tubercules. Les pattes écailleuses sont d'un brun-tanné, et les membraneuses du même vert que le corps, avec une bande noire au-dessus de la couronne. Enfin, la tête est verte

9

et marquée latéralement de deux petits traits noirs.

Dans plusieurs individus, les bandes noires transverses ont disparu entièrement, ou sont remplacées par un cercle noir qui entoure la base de chaque tubercule. On a remarqué que les individus qui appartiennent à cette variété sont généralement plus gros et donnent presque toujours des femelles. Quant aux tubercules, quelle que soit leur couleur, on ne peut en rien préjuger pour le sexe de l'insecte parfait.

Dans son premier âge, c'est-à-dire depuis sa sortie de l'œuf jusqu'à la première mue, la chenille dont il s'agit est d'un noir-brun, avec une raie longitudinale orangée de chaque côté du corps, de sorte que cette livrée, jointe à des tubercules épineux, la fait ressembler, au premier coup d'œil, à une chenille de Vanesse ou de Mélitée. A la seconde mue, le noir diminue beaucoup et le fond vert commence à paraître; à la troisième mue, le vert domine et le noir se divise en bandes.

On trouve ordinairement les œufs de l'espèce qui nous occupe, disposés par groupes nombreux, sur les tiges des ronces et autres arbres à la lisière des bois. Les petites chenilles qui en éclosent vivent en société jusqu'à la troisième mue. A cette époque elles se dispersent de droite et de gauche, et vivent chacune séparément, non loin toutefois du lieu de leur naissance. On trouve de ces chenilles sur le *charme*, l'*orme*, le *bouleau*, le *saule*, l'*osier*, le *prunellier*, mais principalement sur la *ronce*. Elles éclosent en mai et parviennent à toute leur taille vers la fin de juillet. Chacune d'elles se file alors une coque roussâtre à peu près de la même forme que celle du *Grand Paon*, mais moins opaque. Cette coque est ordinairement placée entre plusieurs petites branches réunies en faisceau à leur sommet.

La chrysalide est d'un noir - brun, avec les bords de l'enveloppe des ailes, des antennes et des yeux, ainsi que les incisions de l'abdomen, ferrugineux. Son extrémité anale est terminée par un bouquet de poils roides, dont les intermédiaires sont plus longs.

L'insecte parfait éclôt ordinairement à la fin de mars ou dans les premiers jours d'avril; mais il lui arrive quelquefois de ne se développer qu'au bout de deux ou trois ans, comme le *Grand Paon*.

Le *Petit Paon* est répandu dans toute l'Europe, et paraît aussi commun au nord qu'au midi.

MÉGASOME RECOURBÉ.

MEGASOMA REPANDUM. (Pl. 3. fig. a. d.)

Bombyx repanda. *Hubn.* tab. 77.
Megasoma repandum. *Feistham.* Annal. de la Société ent.
de France. tom. 1. pag. 340. pl. xiii.

C'est à M. le colonel de Feisthamel qu'on doit
la connaissance de cette chenille, qu'il a le premier décrite et représentée dans le premier volume des Annales de la Société entomologique
de France. Il faut lire dans son intéressante notice (séance du 2 mai 1832) l'exposé des difficul-
tés qu'il a eues à surmonter pour se la procurer.
Il nous suffira de dire qu'après avoir fait venir
des œufs des environs de Cadix, non sans beaucoup de peines, il est parvenu à les faire éclore
à Paris, et à élever les chenilles qu'il en a obte-
nues, avec le *spartium virens* et le *genista juncea*, à défaut du *spartium monospermum* sur lequel elles vivent dans leur pays. Sur vingt-quatre
d'entre elles qui se mirent en coque, vingt ar-
rivèrent à l'état parfait, et, le 10 juillet, ayant vu
éclore en même temps plusieurs mâles et plusieurs femelles, l'idée lui vint de les faire ac-
coupler : il les enferma à cet effet dans une boîte;

7

parvenue à sa grosseur, elle a environ deux pouces et demi de long. Elle est alors d'un gris-cendré-bleuâtre, et porte, sur le dos, dans toute sa longueur, une bande formée par une suite de losanges, dont une sur chaque anneau, et de la couleur générale de la chenille.

« Cette bande est bordée latéralement par une ligne d'un blanc roussâtre. De chaque côté de ces losanges, il y a deux tubercules d'un jaune-orangé vif, dont l'antérieur est deux fois plus gros et garni de quelques poils bruns et noirs. Ces tubercules brillent au soleil comme des grains d'or; les trois premiers anneaux seuls en sont privés. Sur le second et le troisième anneau, il existe une touffe épaisse de poils d'un blanc-roussâtre, qui cache un collier noir, que la chenille montre et hérisse dans toute sa beauté, lorsqu'on la tourmente. L'intervalle qui unit les aigrettes de ces deux anneaux est occupé dans le milieu par une raie d'un blanc-roux qui prend naissance près de la tête, et se termine sur le bord antérieur du troisième anneau. Les côtés des deuxième et troisième anneaux sont bordés par un chevron transversal de même couleur. La tête de la chenille est de couleur grise, ayant de chaque côté trois espèces d'o-reilles qui sont recouvertes de faisceaux d'un poil roussâtre, fin, serré et très-long, disposés à peu près comme ceux de la chenille du *Liparis* le 15, une femelle pondit des œufs, et le 30, il eut la satisfaction de les voir éclore, quoiqu'il n'eût remarqué aucune copulation avant cette ponte comme après. Il éleva ces nouvelles chenilles d'abord assez heureusement ; mais elles périrent toutes le 25 août. Il est donc à présumer, comme il le fait observer, que cette espèce paraît deux fois l'année, car si ces dernières chenilles avaient vécu, elles auraient pu donner leurs papillons vers le 18 octobre.

La figure que nous donnons de cette chenille et de sa chrysalide, ayant été faite d'après le dessin original de M. Feisthamel, nous ne pouvons mieux faire que de lui emprunter aussi sa description, et de la rapporter ici textuellement, telle qu'elle est imprimée dans les Annales précitées.

« A sa naissance, dit-il, la chenille est noire, avec quelques légers points rouges sur le dos, presque imperceptibles ; elle porte sur la tête deux bouquets composés de poils très-longs en proportion de la grosseur de la chenille ; elle a alors deux lignes de longueur.

« Après la première mue, ses couleurs s'éclaircissent, et elle paraît composée de deux couleurs distinctes, savoir : les côtés d'un gris-cendré, et le dos d'un gris presque noir.

« Au fur et à mesure qu'elle grandit, les dessins se prononcent davantage. Lorsqu'elle est parvenue à sa grosseur, elle a environ deux pouces et demi de long. Elle est alors d'un gris-cendré-bleuâtre, et porte, sur le dos, dans toute sa longueur, une bande formée par une suite de losanges, dont une sur chaque anneau, et de la couleur générale de la chenille.

« Cette bande est bordée latéralement par une ligne d'un blanc roussâtre. De chaque côté de ces losanges, il y a deux tubercules d'un jaune-orangé vif, dont l'antérieur est deux fois plus gros et garni de quelques poils bruns et noirs. Ces tubercules brillent au soleil comme des grains d'or ; les trois premiers anneaux seuls en sont privés. Sur le second et le troisième anneau, il existe une touffe épaisse de poils d'un blanc-roussâtre, qui cache un collier noir, que la chenille montre et hérisse dans toute sa beauté, lorsqu'on la tourmente. L'intervalle qui unit les aigrettes de ces deux anneaux est occupé dans le milieu par une raie d'un blanc-roux qui prend naissance près de la tête, et se termine sur le bord antérieur du troisième anneau. Les côtés des deuxième et troisième anneaux sont bordés par un chevron transversal de même couleur. La tête de la chenille est de couleur grise, ayant de chaque côté trois espèces d'o-reilles qui sont recouvertes de faisceaux d'un poil roussâtre, fin, serré et très-long, disposés à peu près comme ceux de la chenille du *Liparis*

Dispar. Le ventre de cette chenille est noir dans toute sa longueur, avec un point blanc sur chaque anneau.

« Les pattes membraneuses sont noirâtres, avec quelques taches rousses; à peine les aperçoit-on, à cause de la rangée épaisse de poils roussâtres qui bordent ses côtés. Ceux-ci sont festonnés, et chaque feston est formé par un prolongement de la peau de chaque anneau. Les stigmates sont noirs, et au-dessus d'eux on aperçoit un point noir allongé.

« Les chenilles attachent leurs coques aux branches de la plante sur laquelle elles se nourrissent. Cette coque est allongée et pointue aux deux extrémités, blanchâtre, molle, peu épaisse, et formée d'une soie très-fine. La chrysalide est allongée, cylindrique, obtuse à ses extrémités, d'une couleur noire luisante sur les anneaux du ventre, qui sont couverts de poils roux et dorés, plus ou moins foncés, très-courts et serrés.

Le *Megasoma Repandum* a été découvert pour la première fois par Olivier, dans les environs de Bagdad. Depuis, on l'a trouvé abondamment sur la côte occidentale de l'Afrique jusqu'au Sénégal; et quant à l'Europe, il se trouve non-seulement en Andalousie et en Portugal, mais aussi en Italie, puisque l'individu figuré par Hubner a été pris, dit-on, dans les environs de Rome.

BOMBYX DU CHÊNE.

BOMBYX QUERCUS. (Pl. iv. fig. 1. a. b.)

Nocturnes. *God.* tom. iv. pag. 95. pl. ix. fig. 1 et 2.

CETTE chenille est couverte de poils d'un gris-brun, dont quelques-uns seulement sont médiocrement longs et soyeux, tandis que les autres sont courts, roides et serrés, comme dans une étoffe de drap. Les incisions des anneaux sont d'un beau noir velouté, et ne s'aperçoivent bien que lorsque la chenille s'allonge en marchant. Chacune d'elles est marquée d'un point blanc sur le milieu du dos. De chaque côté du corps règne longitudinalement une bande maculaire blanche, interrompue et teintée, par place, de jaune-ferrugineux. Cette bande est placée un peu au-dessus des stigmates, qui sont également blancs et bien visibles. Entre les stigmates et les pattes se trouve une raie ferrugineuse plus ou moins prononcée, mais qui s'aperçoit à peine, à cause des poils rayonnants qui la recouvrent. La tête est d'un brun-ferrugineux, et marquée sur le devant d'une tache spatuliforme

10

d'un gris - jaunâtre. Les pattes écailleuses sont mordorées et luisantes ; les membraneuses sont brunes et tiquetées de roussâtre. Enfin, le ventre est noirâtre.

La couleur de cette chenille est un peu différente dans son jeune âge ; elle est alors d'un gris-blanchâtre qui ne commence à brunir qu'à la seconde ou troisième mue. Elle sort de l'œuf à la fin de l'été, et croît très-peu jusqu'à la chute des feuilles, époque à laquelle elle s'engourdit appliquée contre une branche où elle reste ainsi exposée à toutes les rigueurs de l'hiver. Au printemps elle sort de sa léthargie, change de peau, et commence par se nourrir aux dépens des bourgeons, en attendant le développement des feuilles. On la trouve ordinairement parvenue à toute sa taille au mois de juin ; elle ne tarde pas alors à se filer une coque, dont la forme est en cylindre arrondi aux deux bouts. Cette coque est d'un tissu très-serré, très-gommé et très-dur, d'un brun - roussâtre foncé en dehors et d'un gris-blanchâtre luisant en dedans.

La chrysalide est courte, d'un brun-jaunâtre, assez molle, avec les stigmates noirs.

L'insecte parfait se développe ordinairement dans les premiers jours de juillet.

La chenille dont il s'agit est très - commune dans toute l'Europe. Elle vit sur le *peuplier*, le *chéne*, l'*orme*, le *saule*, l'*épine*, le *prunellier*, le *lilas*, le *groseillier*, la *ronce*, et même sur le *genét*. Elle est peu difficile sur sa nourriture, et on l'élève très-aisément. Elle est du nombre de celles qu'il faut manier avec précaution, car ses poils courts se détachent facilement et pénètrent dans la peau, où ils causent des démangeaisons assez vives, qui durent peu, et qu'on apaise promptement en se lavant les mains avec un peu d'eau et de vinaigre.

Nota. Cette chenille et celle du trèfle sont fidèlement représentées dans Roësel; mais une erreur qu'il a commise et que personne n'a encore relevée, du moins à ma connaissance, c'est qu'il donne le papillon de l'une pour celui de l'autre.

BOMBYX DU TRÈFLE.

BOMBYX TRIFOLII. (Pl. ıv, fig. 2. a. b.).

Nocturnes. *God.* tom. ıv. pag. 99. pl. ıx. fig. 3-5.

CETTE chenille ressemble beaucoup à celle du *Bombyx Quercûs;* mais, outre qu'elle est toujours plus petite, elle en diffère par les caractères suivants :

1° Ses poils sont d'un jaune - fauve ou doré , et d'un aspect plus soyeux que drapé ;

2° Ses incisions sont marquées de trois points d'un blanc - bleuâtre, dont deux latéraux et un sur le milieu du dos ;

3° Ses stigmates sont roussâtres et peu distincts ;

4° Au-dessus des stigmates on aperçoit dans beaucoup d'individus des traits obliques fauves ou orangés, formés par des poils plus denses que les autres ;

5° La tête est d'un brun - noirâtre, marquée sur le devant d'une tache triangulaire d'un gris-jaunâtre, et séparée du premier anneau par un collier aurore, assez étroit ;

12

6° Enfin, les pattes et le dessous du corps sont noirâtres.

Cette chenille, encore très-petite à l'approche de l'hiver, passe la mauvaise saison, comme celle du *Bombyx Quercûs*, tantôt cachée sous des plantes basses, tantôt collée contre les tiges des graminées. Parvenue à toute sa taille à la fin de juin ou au commencement de juillet, elle se file une coque de la même consistance et de la même forme que celle du *Bombyx Quercûs*, mais dont la couleur est plus claire, c'est-à-dire d'un jaune-fauve. Elle place ordinairement cette coque sous quelque pierre ou sous quelques feuilles de plantes basses.

La chrysalide est courte, molle, et d'un brun-jaunâtre clair, avec l'enveloppe des ailes plus foncée, et les stigmates noirs.

Le papillon éclôt dans le courant d'août ou dans la première quinzaine de septembre; mais il arrive quelquefois qu'il ne se développe que l'année suivante.

La chenille du *Bombyx Trifolii* vit exclusivement sur les légumineuses, et particulièrement sur les *trèfles*, la *luzerne*, le *mélilot officinal* et le *genêt à balais*. Elle est très-difficile à élever en captivité; elle mange peu à la fois, croît très-lentement, et périt souvent en changeant de peau; c'est tout au plus si le quart des individus qu'on se donne la peine de nourrir, parvient à l'état parfait. Il n'en est pas de même de celle du *Quercús*, dont presque tous les individus réussissent, quelque peu de soin qu'on en prenne.

Le Bombyx du *Trèfle* est beaucoup moins commun, et ne s'avance pas autant vers le nord que celui du *Chéne*. Les individus du midi sont généralement plus grands.

LASIOCAMPE BUVEUSE.

LASIOCAMPA POTATORIA. (Pl. v. fig. 1. a, b.)

Nocturnes. *God.* tom. iv. pag. 92. pl. viii. fig. 3 et 4.

CETTE chenille, lorsqu'elle est parvenue à toute sa taille, est presque aussi grande que celle du *Bombyx Quercûs.* Le fond de sa couleur est d'un gris-brun mêlé de bleuâtre. Elle a sur le dos deux rangées longitudinales de petites brosses noires, veloutées et très-courtes, surmontées de poils roux, et suivies immédiatement d'une bande de points jaunes. Au niveau des stigmates, qui sont d'un blanc-jaunâtre et très-petits, règne une suite de pinceaux de poils blancs dirigés d'une manière oblique vers la terre. Au-dessus des pattes sont des poils rabattus d'un gris ou d'un brun-roussâtre. Ce qui la distingue principalement de ses congénères, ce sont deux aigrettes de poils, l'une rousse sur le deuxième anneau, et l'autre d'un brun-noir sur le onzième; la première est dirigée en avant, et la seconde inclinée en arrière comme la corne des chenilles des Sphingides. Enfin, la tête et les

11

pattes sont d'un brun-tanné, plus ou moins sablé et marbré de roussâtre.

Il est à remarquer que les appendices pédiformes qui caractérisent les autres chenilles de *Lasiocampes*, sont nuls dans celle-ci.

Goedart lui a donné l'épithète de *Buveuse*, parce qu'*elle est sujette à boire* (dit-il) *et que lorsqu'elle boit, elle relève la tête pour reprendre haleine et faire plus facilement dévaler l'eau, ni plus ni moins que les poules*, etc. Nous n'avons pas été à même de vérifier l'exactitude de cette observation ; mais ce qu'il y a de certain, c'est que notre chenille se plaît particulièrement dans les lieux frais et humides, au bord des étangs, des fossés, des ruisseaux, le long des haies, etc. Aussi est-ce le matin à la rosée, et le soir avant le coucher du soleil, et surtout après une petite pluie qu'il est plus facile de la rencontrer. Elle vit sur différentes espèces de *bromes* et de *carex* et sur le *vulpin des prés* ; mais il ne faut pas croire, comme quelques auteurs l'ont avancé, qu'elle vive indistinctement sur toute espèce de graminées : pour l'élever avec succès en captivité, il faut lui donner du *brome stérile*, renouveler souvent sa nourriture et l'asperger d'eau.

Sa transformation a lieu à la fin de juin ou au commencement de juillet. Elle file alors, le long des brins d'herbes ou des tiges des arbrisseaux, une coque molle, allongée, d'un jaune-roussâtre, et plus pointue par en bas que par en haut. La chrysalide est brune et légèrement saupoudrée de bleuâtre. L'insecte parfait éclôt au bout de trois semaines.

La Lasiocampe *Buveuse* se trouve dans une grande partie de l'Europe.

LASIOCAMPE DU PRUNIER.

LASIOCAMPA PRUNI. (Pl. v. fig. 2.)

Nocturnes. *God*. tom. iv. pag. 87. pl. viii. fig. 1.

ELLE est un peu plus petite et moins aplatie que la *Quercifolia* , et ses appendices pédiformes sont beaucoup moins saillants que ceux de ses congénères. Sa couleur varie beaucoup ; tantôt elle est d'un gris - cendré presque uniforme ou d'un gris - roussâtre ; tantôt elle est d'un gris - obscur jaspé de blanc, ou presque blanchâtre. Elle a sur le dos deux raies ou deux rangées de taches d'un bleu-pâle, qui se détachent d'autant moins de la couleur du fond que celle-ci est plus claire. Ces deux raies sont interrompues par un point blanc à la jointure de chaque anneau, et sont bordées de chaque côté par deux lignes d'un blanc - jaunâtre plus ou moins marquées suivant les individus , et dont l'interne est sinueuse ou en zigzag. Elle n'a qu'un seul collier placé sur le second anneau, de couleur aurore, bordé de noir et terminé à chaque bout par une tache bleue s'ali-

15

gnant avec les deux raies dont nous avons parlé plus haut. Les stigmates sont blancs et à peine visibles. Les appendices pédiformes sont garnis de poils soyeux d'un gris-roussâtre, et peu épais. Le premier anneau est muni de deux aigrettes de poils en forme d'oreilles. Le onzième anneau est surmonté d'un tubercule aplati, un peu bifide, couvert de poils roux très-courts, et bordé de noir latéralement. La tête est grisâtre et marbrée de blanc, avec sa partie postérieure, ordinairement cachée sous le premier anneau, d'un jaune-soufre. Le ventre est gris, avec une bande noire longitudinale. Les pattes écailleuses sont noirâtres ; les huit premières pattes membraneuses sont d'un brun-tanné, avec la couronne blanchâtre et bordée de noir, et les deux dernières sont de la couleur du corps.

Cette chenille passe l'hiver collée contre les branches. On la trouve ordinairement parvenue à toute sa taille dans le milieu de juin; elle ne tarde pas alors à se filer, entre les feuilles, une coque allongée et assez solide d'un roux-fauve, et l'insecte parfait éclôt trois semaines après. La chrysalide est d'un noir luisant, avec les stigmates, les anneaux et les poils de l'anus ferrugineux.

Cette espèce se trouve dans le nord et le centre de l'Europe. La chenille vit sur l'*orme*, le *bouleau*, le *prunier*, le *pommier sauvage*, le *prunellier* et le *peuplier*. Il y a des années où elle est assez commune aux environs de Paris; mais comme elle est très-difficile à élever, et que le papillon se rencontre rarement, il en résulte que celui-ci est toujours recherché par les amateurs, surtout dans le midi de la France.

ORGYE ANTIQUE.

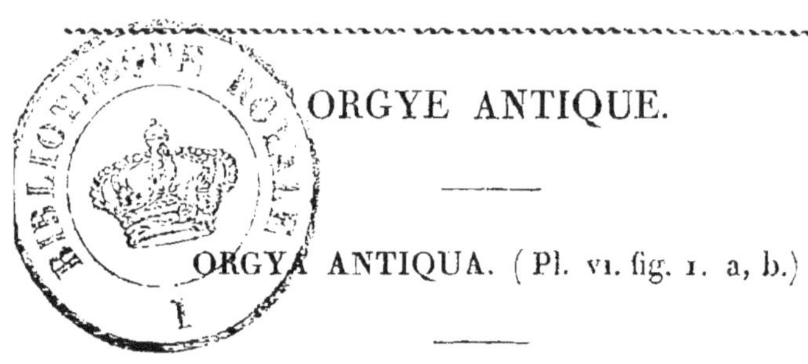

ORGYA ANTIQUA. (Pl. vi. fig. 1. a, b.)

Nocturnes. *God.* tom. iv. pag. 253. pl. xxiv. fig. 1 et 2.

La chenille du mâle diffère de celle de la femelle, non-seulement par une plus petite taille,
mais encore par des couleurs plus foncées ou
plus sombres ; nous la décrirons d'abord. Elle
est d'un brun-noirâtre, avec des tubercules
rouges d'où partent, en divergeant, des poils
grisâtres ou jaunâtres. Son dos est surmonté
de quatre brosses de poils placées sur les quatrième, cinquième, sixième et septième anneaux : ces brosses sont blanchâtres à leur base
et noirâtres à l'extrémité. Elle est ornée en outre
de cinq aigrettes ou pinceaux de poils noirs di-
latés à leur sommet, savoir : deux sur le cou
et dirigées en avant et latéralement comme deux
antennes, deux placées obliquement comme deux
nageoires, de chaque côté du corps vis-à-vis de
la seconde brosse, et enfin la cinquième plus
fournie que les autres et penchée vers l'anus,
sur le onzième anneau. La tête est noire, et

13

toutes les pattes sont jaunes. Le ventre est de couleur livide.

La chenille de la femelle est d'un gris-bleuâtre ou cendré sur le dos, et d'un jaune-pâle sur les côtés, avec une ligne de points noirs qui sépare les deux couleurs. Du reste, elle offre les mêmes tubercules, les mêmes brosses et les mêmes aigrettes que celle du mâle ; seulement les brosses sont d'un beau jaune et entourées de noir à leur base.

Pour se métamorphoser, cette chenille se file une coque blanchâtre d'un tissu lâche et entremêlée de ses poils.

La chrysalide du mâle est d'un noir luisant et hérissée de poils roux. Celle de la femelle est glabre, molle et de couleur jaunâtre.

Le papillon se montre en juin pour la première époque, et en août, septembre et octobre pour la seconde.

On trouve la chenille depuis le mois de mai jusqu'en octobre sur presque toutes les espèces d'arbres, mais surtout sur les arbres fruitiers, où elle est quelquefois si commune qu'elle les dépouille entièrement de leurs feuilles.

Les œufs provenant de la ponte d'automne passent l'hiver et éclosent au printemps. Les petites chenilles qui en sortent se dispersent après la première mue.

Cette espèce est répandue dans une grande partie de l'Europe.

ORGYE GONOSTIGMA.

ORGYA GONOSTIGMA. (Pl. vi. fig. 2. a , b.)

Nocturnes. *God.* tom. iv. pag. 249. pl. xxiv. fig. 3 et 4.

Le fond de sa couleur est d'un rouge-aurore,
avec deux bandes latérales noires, sur lesquelles
sont placés des tubercules de la même couleur,
entourés de fauve, et surmontés chacun de poils
divergents d'un gris-jaunâtre. Une seconde rangée de tubercules semblables se remarque au-dessous de la première. Les quatrième, cinquième,
sixième et septième anneaux portent chacun une
brosse fauve ou roussâtre. Elle est ornée en outre
de trois longues aigrettes ou pinceaux de poils
noirs, dont deux sur le cou dirigées en avant
comme deux antennes, et une sur le onzième
anneau, inclinée en arrière en forme de queue.
Le dessous du ventre est d'un noir - verdâtre,
avec les pattes membraneuses jaunâtres , et
marquées de brun sur leur face externe. La tête
est d'un noir luisant, garnie de poils roussâtres,
et marquée d'une impression jaunâtre en forme
de V. Les pattes écailleuses sont ferrugineuses.

14

Cette chenille est beaucoup moins commune que celle de l'*Antiqua*, du moins aux environs de Paris. On la trouve aux mêmes époques, et elle vit également sur un grand nombre d'espèces d'arbres ou d'arbrisseaux, mais plus particulièrement sur le *prunellier* et l'*aubépine*.

Pour se métamorphoser, elle file une coque lâche d'un gris-jaunâtre et entremêlée de ses poils, qu'elle place entre les feuilles ou dans les gerçures des écorces.

La chrysalide est d'un noir-brun luisant, et garnie de poils roussâtres.

L'insecte parfait se montre pour la première fois à la fin de mai ou au commencement de juin, et pour la seconde en août, septembre et octobre. On le trouve dans le centre et le nord de l'Europe, mais moins communément que l'*Antiqua*.

BOMBYX DES BUISSONS.

BOMBYX DUMETI. (Pl. vii, fig. i. a. b.)

Nocturnes. *God.* tom. iv. pag. 103. pl. x. fig. i.

DEPUIS sa sortie de l'œuf jusqu'à la deuxième mue inclusivement, cette chenille est noire avec la tête très-grosse. Ce n'est qu'à la troisième mue, qui arrive à la fin de juin, qu'elle prend la forme et la couleur sous lesquelles elle est représentée. Elle devient alors d'un brun-obscur ou d'un cendré-bleuâtre, et chacun de ses anneaux, excepté le premier et le dernier, est marqué latéralement d'une tache noire elliptique, placée entre deux lignes de la même couleur, sur une éclaircie d'un blanc-jaunâtre ou roussâtre. Les incisions des anneaux sont également noires. La tête et les pattes sont d'un brun-foncé, et le corps est garni sur le dos et sur les côtés de poils roux peu fournis. Les stigmates, assez apparents, sont blancs et bordés de noir.

Cette chenille, qui éclôt en mai, vit solitaire sur *le pissenlit commun* et plusieurs espèces d'*épervière*, dans les clairières des bois bien expo-

25

sées au soleil. Elle ne se montre guère que lorsqu'elle est parvenue à toute sa taille, c'est-à-dire
vers la fin de juillet, époque à laquelle elle ne
tarde pas à se renfermer dans un tissu très-léger,
à la superficie de la terre, pour s'y changer en
chrysalide huit jours après. Cette chrysalide est
d'un brun - marron, avec la tête fort saillante,
et l'abdomen terminé par une pointe qui se sub-
divise en plusieurs petits crochets. L'insecte parfait en sort ordinairement à la fin de septembre
ou au commencement d'octobre, et quelquefois
plus tard. Les œufs pondus par la femelle pendant ce dernier mois, n'éclosent qu'en mars de
l'année suivante.

Le Bombyx *Dumeti* est répandu partout sans
être commun nulle part, et il l'est d'autant moins
dans les collections, que sa chenille, élevée en
captivité, meurt presque toujours au moment
de se transformer, ou si elle se transforme, son
papillon éclôt mal ; du moins c'est ce qui est ar-
rivé au petit nombre de celles que j'ai élevées.

D'après M. Pierret fils, qui m'a procuré l'individu représenté, le rond Mortemar au bois de
Boulogne, et le polygone au bois de Vincennes,
sont les meilleures localités pour trouver cette
espèce aux environs de Paris.

LIPARIS DU SAULE.

LIPARIS SALICIS. (Pl. viii, fig. 1. a. b.)

Nocturnes. *God.* tom. iv. pag. 271. pl. xxvii. fig. 2.

Elle a sur le dos une série de grandes taches contiguës, tantôt d'un blanc pur , tantôt d'un blanc un peu jaunâtre. Ces taches, dont chacune est partagée en deux par les incisions, sont placées entre deux bandes noires, divisées dans toute leur longueur par une ligne jaune, et interrompues sur chaque anneau par deux rangées de tubercules d'un rouge velouté. Deux autres rangées de tubercules semblables , mais surmontés de poils roussâtres, se voient sur les côtés du corps, dont la couleur est d'un blanc-bleuâtre jaspé de noir. La tête est d'un cendré-noirâtre et garnie de poils blanchâtres. Le ventre est d'un brun-pourpre, les pattes membraneuses sont fauves , et les écailleuses d'un noir luisant.

Cette chenille éclôt à la fin d'avril. Dans son jeune âge, ses taches dorsales sont d'un jaune-

26

citron , non contiguës, et quelques - unes sont isolées.

Parvenue à toute sa taille dans le milieu de juin, elle se renferme entre des feuilles retenues par quelques fils, et s'y construit une coque d'un tissu blanc et serré , dans laquelle elle ne tarde pas à se changer en chrysalide. Celle-ci est d'un noir très-luisant , avec des touffes de poils jaunes sur le dos et sur les côtés de l'abdomen. La pointe de l'anus et les petits crochets dont elle est armée sont entièrement noirs.

Le papillon se développe au bout de quinze à vingt jours, c'est-à-dire dans le courant de juillet. Aussitôt après l'accouplement , la femelle pond ses œufs, qui sont verdâtres , sur le tronc des saules et des peupliers, où ils sont disposés par plaques plus ou moins arrondies, et recouverts d'une matière gommeuse, d'un blanc luisant, qui les fait apercevoir de loin.

La chenille dont il s'agit n'est pas moins commune ni moins vorace que celle du *Liparis Dispar;* mais comme elle ne s'attaque qu'aux saules et aux peupliers , on fait moins d'attention à ses dégâts. Cependant il est bon de la détruire dans les endroits où elle se multiplie trop , et il faut employer pour cela le même moyen que nous avons indiqué pour celle de l'espèce précitée.

BOMBYX DE LA RONCE.

BOMBYX RUBI. (Pl. vii. fig. 2. a. b.)

Nocturnes. *God.* tom. iv. pag. 134. pl. xiii. fig. 1. 2.

Avant d'être arrivée au tiers de sa grosseur, c'est-à-dire avant la quatrième mue, cette chenille est d'un noir velouté, avec les poils du dos un peu fauves, et les incisions des anneaux marquées par des lignes d'un jaune-orangé. Après cette mue, les lignes jaunes sont remplacées par des bandes d'un beau-noir de velours, et le reste du corps est couvert de poils d'un roux foncé, excepté ceux des flancs et du ventre qui sont d'un gris-sale. Ces poils, qui partent immédiatement de la peau, comme ceux du Bombyx *Quercûs*, sont ras et lustrés sur les côtés, et longs sur le dos, où ils tendent à se réunir en fascicules séparés sur chaque anneau. On voit en outre, sur le bord antérieur des trois ou quatre premiers anneaux, une ou deux taches fauves qui sont un reste des lignes orangées de la première livrée. La tête et les pattes sont d'un brun-noirâtre, et les stigmates invisibles.

23

Cette chenille croît lentement, car, sortie de l'œuf à la fin de mai, elle n'a pas encore atteint toute sa taille dans les premiers jours d'octobre. Elle continue de manger et de croître jusqu'aux premiers froids ; alors elle se cache dans la mousse ou sous des feuilles sèches pour hiverner. Toutefois elle se réveille, et mange ce qu'elle trouve autour d'elle, chaque fois que la température se radoucit, et arrive ainsi à la fin de mars ou au commencement d'avril, époque à laquelle elle file sa coque et se transforme en chrysalide. Son papillon paraît un mois après, c'est-à-dire dans la première quinzaine de mai. Ainsi, elle met près d'un an à devenir insecte parfait.

La coque est grisâtre, molle, allongée, d'un tissu léger, et attachée ordinairement au-dessous d'une feuille de plante basse. La chrysalide est d'un noir-bleuâtre, avec les premières incisions du ventre jaunâtres, et l'extrémité anale garnie de poils roussâtres.

La chenille dont il s'agit est connue dans certains cantons sous le nom trivial d'Anneau du diable, probablement parce qu'elle a plus qu'aucune autre l'habitude de se rouler sur elle-même dès qu'on la touche, et peut-être aussi parce qu'elle occasionne des démangeaisons assez vives aux mains qui la prennent sans précaution ; ce qu'elle a de commun, au reste, avec la plupart des chenilles du même genre. Quant à l'épithète de Polyphage qui lui a été donnée par ses premiers observateurs, elle est assez méritée, en ce qu'elle paraît s'accommoder de toute espèce de plantes ; Kléeman assure même l'avoir vue manger des feuilles sèches de chêne, des pelures de pomme, et jusqu'à de la croûte de pain. Je doute fort néanmoins qu'on parvînt à conduire à bien celle qu'on soumettrait à un pareil régime. Toujours est-il que c'est sur la *ronce frutescente* (*rubus fruticosus*) qu'on la trouve le plus ordinairement, d'où vient le nom de Bombyx *Rubi* donné à son papillon. On la rencontre fréquemment, à la fin de septembre et au commencement d'octobre, dans les bois, sur le bord des chemins, le long des fossés, dans les clairières remplies de bruyères, etc. ; mais comme elle est assez difficile à conserver pendant l'hiver, et cela faute de précautions convenables, comme nous le dirons plus bas, les amateurs n'élèvent que les individus qui, dans l'état de liberté, ont résisté aux rigueurs de cette saison, c'est-à-dire ceux que le hasard leur fait rencontrer à la fin de mars ou au commencement d'avril, car elle est aussi rare à cette époque qu'elle est commune en automne. Il en résulte que cette espèce, qu'on trouve rarement à l'état parfait, n'est jamais bien commune dans les collections. Cependant il n'est pas aussi difficile qu'on le pense, de conserver vivantes jusqu'au printemps, les chenilles qu'on trouve en automne : il suffit pour cela de les tenir en plein air dans de grandes boîtes garnies de mousse, et couvertes d'une toile métallique, avec la précaution de leur donner n'importe quelle verdure à manger, chaque fois que le thermomètre marque plus de cinq degrés au-dessus de zéro, car elles sortent alors de leur engourdissement, et mourraient de faim si elles ne trouvaient à leur portée de quoi se sustenter. Ainsi, c'est moins le froid que le défaut de nourriture qui tue la plupart de celles qui passent l'hiver en captivité.

Le Bombyx de la *Ronce* est répandu dans toute l'Europe, au nord comme au midi.

~~~~~~

LIPARIS DISPARATE.

LIPARIS DISPAR. (Pl. viii. fig. 2. a. b.)

Nocturnes. *God.* tom. iv. pag. 256. pl. xxv. fig. 1. 2.

Elle est d'un brun-noirâtre vermiculé de gris-cendré ou jaunâtre, avec quatre rangées de tubercules, dont deux dorsales et deux latérales. Les tubercules du dos des cinq premiers anneaux sont bleus et piquetés de noir; tous les autres sont d'un rouge-ferrugineux. Sur chacun d'eux sont implantés et disposés en étoiles des poils, assez roides, les uns noirs, les autres roussâtres. Les deux tubercules placés sur le bord antérieur du premier anneau sont surmontés de poils plus longs que les autres, et disposés de manière à simuler une oreille de chaque côté de la tête. Celle-ci est grosse relativement au corps, réticulée de gris sur un fond brun, et marquée dans son milieu d'une tache triangulaire jaunâtre. Le ventre est d'un gris-obscur, les pattes sont d'un fauve-foncé, et les stigmates à peine distincts.

22
~~~~~~

Cette chenille éclôt en mai, et a pris tout son développement dans le courant de juillet. Alors elle ne tarde pas à se chrysalider : elle se retire à cet effet, soit dans une crevasse du tronc de l'arbre sur lequel elle a vécu, soit sous une corniche de mur qui se trouve à sa portée. Là, elle ne forme pas de coque, mais elle s'enveloppe seulement de quelques fils qui souvent se rompent au moment où elle se transforme, de sorte que sa chrysalide n'est plus retenue que par la queue.

Cette chrysalide est d'un brun-noirâtre, avec les incisions de l'abdomen plus claires, et les anneaux garnis de petits bouquets de poils roussâtres, disposés en forme d'étoiles. Son extrémité postérieure finit en une pointe large, terminée par deux faisceaux de petits crochets ferrugineux.

Le papillon éclôt au bout de quinze à vingt jours, et paraît depuis la fin de juillet jusqu'au quinze août. Autant le mâle est vif et doué de la faculté du vol, autant la femelle est lente et paresseuse ; elle ne fait aucun usage de ses ailes, qui sont cependant assez grandes, mais plissées, et ne s'éloigne guère de l'endroit où elle est née.

La chenille qui nous occupe vit sur presque toute espèce d'arbres ; et comme elle est aussi commune que vorace, elle cause souvent les plus

grands ravages dans les plantations d'arbres fruitiers, comme dans les parcs et les forêts , qu'elle
contribue quelquefois, avec d'autres chenilles
non moins nuisibles, à dépouiller presque entièrement de leurs feuilles. On ne doit donc né-
gliger aucun moyen de la détruire : le plus efficace est d'enlever, pendant l'hiver , avec une
ratissoire, les paquets ou traînées d'œufs que la
femelle a déposés contre le tronc des arbres, et
quelquefois contre les murs des clôtures. Ces
paquets sont très-faciles à découvrir, étant recouverts d'une espèce de bourre soyeuse d'un
jaune-roussâtre (1) , qui tranche avec la couleur
du tronc de l'arbre sur lequel ils sont collés. En
répétant plusieurs années de suite l'opération
que nous venons d'indiquer, on parviendra à ré-
duire singulièrement le nombre des individus
d'une espèce aussi nuisible, et par conséquent à
rendre ses dégâts presque insensibles, car, en dé-
truisant un paquet d'œufs, on donne la mort au
moins à cinq cents chenilles.

J'ai remarqné dans mes voyages que cette espèce est moins commune dans le midi que dans
le nord et le centre de la France, et qu'elle est
à peine connue dans les pays de montagnes.

---

(1) Cette bourre ressemble assez par la couleur à un
morceau d'amadou, comme le dit M. Boisduval.

LASIOCAMPE DU CYPRÈS.

LASIOCAMPA LINEOSA. (Pl. ix. fig. 1. a-c.)

BOMBYX LINEOSA. *Adrien de Villiers*. Annales de la Société linnéenne de Paris, novembre 1826, pag. 478, pl. ix. .

ELLE est d'un gris-cendré et souvent roussâtre, avec des bandes brunes longitudinales et finement lisérées de blanchâtre, lesquelles sont plus ou moins marquées et quelquefois oblitérées. Le plus ordinairement deux de ces bandes sont bien prononcées sur le dos. Les latérales sont plus foncées et plus larges vers les deux extrémités, tandis que celles au-dessus des stigmates sont effacées du côté de la tête, et peu apparentes vers l'anus. Ces dernières se réunissent aux latérales.

Cette chenille a sur le dos deux rangées de tubercules velus, disposés de manière que chaque anneau en a deux. Ceux du dixième sont beaucoup plus grands et plus élevés que les autres. Après ceux-là, les plus saillants sont ceux du septième. Sur les deuxième et troisième anneaux, les tubercules sont remplacés par deux

21

fentes contractiles, une sur chaque, lesquelles laissent sortir, lorsqu'elles s'ouvrent, deux touffes de poils d'un roux vif, bordées de noir. Comme toutes les chenilles du même genre, celle-ci a des appendices pédiformes garnis de poils très-longs, les uns gris, les autres fauves. Les stigmates sont petits, rougeâtres et bordés de noir. Le dessous du corps a une large bande brune entre les pattes. Celles-ci sont grises ou brunes. La tête est de la même couleur, avec un chevron et quelques points noirs; mais comme elle est presque toujours cachée par les poils du premier anneau qui se dirigent en avant, il est difficile d'en distinguer la couleur.

Cette chenille paraît vivre exclusivement sur le *cyprès pyramidal* (*cupressus fastigiata*); du moins on a essayé sans succès de l'élever avec les autres espèces de conifères analogues. On la trouve parvenue à toute sa taille, et prête à se transformer, vers la fin d'avril et le commencement de mai. Elle file alors entre les rameaux un cocon de soie grise peu serré, et à travers lequel il est aisé de distinguer la chrysalide, qui ne se forme que cinq ou six jours après la construction de ce cocon. Cette chrysalide est courte, d'un brun-noirâtre, et couverte de poils roussâtres, plus nombreux sur le bord des anneaux, et du côté de la tête, que sur les autres parties.

L'insecte parfait en sort ordinairement au bout d'un mois, c'est-à-dire dans les premiers jours de juin.

Il arrive quelquefois que cette espèce a deux générations par an ; ce qui a lieu lorsque des chenilles plus hâtives que d'autres produisent leurs papillons dès les premiers jours d'avril. Ceux-ci alors donnent naissance à des chenilles qui deviennent insectes parfaits vers la fin de juillet ou le commencement d'août. Mais ce cas est exceptionnel, car le plus grand nombre des chenilles passent l'hiver dans l'engourdissement, avant d'avoir atteint toute leur taille, se remettent à manger au printemps, et continuent de croître jusqu'à la fin d'avril, époque à laquelle elles se transforment en chrysalide, comme nous l'avons dit plus haut.

Tous ces renseignements nous ont été fournis par M. Sollier, capitaine du génie, résidant à Marseille, et l'un de nos entomologistes les plus instruits et les plus laborieux. Il avait eu la complaisance de m'envoyer à deux reprises différentes, un certain nombre de chenilles vivantes de l'espèce dont il s'agit ; mais je n'ai pu les amener à bien : les premières m'étant parvenues à la fin de l'été, n'ont pu supporter l'hiver ; les secondes, que j'avais reçues dans les premiers jours d'avril, ont continué de manger depuis leur arrivée jusqu'à la fin du mois, qu'elles se sont mises en devoir de filer; mais sur cinq que je possédais, deux sont mortes avant d'avoir achevé leurs cocons : les trois autres les ont bien terminés; mais leurs chrysalides ne se sont pas formées, ou se sont desséchées. Je ne puis attribuer cette non réussite qu'au changement de climat, car les chenilles ne paraissaient pas avoir souffert pendant la route, la branche de cyprès qui les accompagnait étant encore fraîche à l'arrivée de la boîte, qui, remplie de leurs crottes, attestait d'ailleurs qu'elles n'avaient pas jeûné.

Godart étant mort en 1825, n'a pu parler dans son ouvrage de cette espèce, qui n'est connue que depuis 1827, c'est-à-dire depuis qu'elle a été décrite et figurée, pour la première fois, par M. Adrien de Villiers, sous le nom de Bombyx *Lineosa,* dans le cahier des Annales de la Société linnéenne de Paris, de novembre 1826, mais qui n'a paru qu'en 1827. D'après la notice de cet entomologiste, ce fut M. Jourdan, son compatriote, qui en trouva le premier individu en juin 1826, dans les environs de Montpellier; et quelque temps après M. de Villiers lui-même en trouva la femelle, de sorte qu'il a pu décrire et faire représenter les deux sexes. Mais c'est à M. Sollier, qui, de son côté, avait trouvé les deux sexes accouplés dans les environs de Marseille, que l'on doit la connaissance de la chenille, ayant eu la patience d'élever celles qui lui provinrent de cet accouplement. Depuis, les nombreux amateurs du Midi, en tête desquels il faut placer M. Léautier, élèvent tous les ans cette chenille en plus ou moins grande quantité, ce qui fait que son papillon, d'abord très-rare, est aujourd'hui répandu dans presque toutes les collections, bien que la partie de la France qu'il habite soit très-circonscrite : mais il y a lieu de croire qu'il est commun dans l'Orient, véritable patrie de l'arbre qui nourrit sa chenille.

P. S. J'ai oublié de dire que M. Sollier m'a mandé que cette chenille craint surtout l'humidité, et qu'il fallait par conséquent la tenir dans un endroit bien sec et au soleil levant, pour l'élever avec succès.

LASIOCAMPE FEUILLE DU CHÊNE.

LASIOCAMPA QUERCIFOLIA. (Pl. 9, fig. 2. a, b.)

Nocturnes. *God.* tom. IV. pag. 76. pl. VII. fig. 1. 2.

ELLE varie beaucoup pour le fond de la couleur, lequel est tantôt d'un gris-cendré ou noirâtre, tantôt d'un gris-blanchâtre uni, et quelquefois jaspé de blanc et de ferrugineux. Dans tous les cas, elle a sur le dos deux rangées de boutons bruns ou ferrugineux, et sur le pénultième anneau une caroncule à base large, assez élevée, de forme conique, et inclinée en arrière comme la corne des *Sphingides*. Elle a en outre, comme toutes les chenilles du même genre, deux incisions ou crevasses elliptiques, qu'on est convenu d'appeler colliers, l'une sur le deuxième anneau et l'autre sur le troisième. Ces incisions, qui s'ouvrent et se ferment suivant les mouvements de l'animal, sont bordées de noir velouté et laissent apercevoir, lorsqu'elles sont ouvertes, deux touffes de poils d'un beau bleu, avec un V noir plus ou moins apparent dans le milieu. Dans le premier âge, ces touffes de poils sont

32

bordées quelquefois d'un peu de fauve; mais ce cas est très-rare, et cette couleur disparaît toujours avant la dernière mue. De chaque côté du corps, près des stigmates, il part de tous les anneaux des appendices charnus terminés en pointe mousse, dirigés horizontalement et bordés de grands poils roux. Les deux qui avoisinent la tête sont plus prononcés que les autres, et lui forment comme deux oreilles par leur direction en avant. Les stigmates sont gris et cernés de noir. Les pattes écailleuses sont d'un noir luisant, les membraneuses intermédiaires d'un brun-rougeâtre, et les anales de la couleur du corps. Le ventre est d'un orangé clair, et tacheté de brun ou de noir. Enfin la tête est brune et rayée de gris.

Cette chenille vit solitaire sur presque tous nos arbres fruitiers, ainsi que sur l'*épine*, l'*épine vinette*, l'*alaterne*, le *prunellier*, le *saule* et quelquefois le *chêne*. Les jardins où il y a beaucoup de poiriers et de pommiers sont ceux où elle se multiplie le plus. Elle ne mange que la nuit; le jour elle se tient tellement collée contre les branches, dont la couleur se confond avec la sienne, que souvent on la touche avant de l'avoir aperçue; mais ses excréments servent à trahir sa présence.

Elle éclôt à l'arrière-saison, et passe l'hiver

abritée sous l'aisselle d'une branche, sans que la rigueur du froid la fasse périr. Parvenue à toute sa taille à la fin de juin, ou au commencement de juillet, elle ne reste que trois semaines en état de nymphe, et donne son papillon à la fin du même mois, ou dans les premiers jours d'août.

Sa chrysalide est cylindrique, d'un noir-bleuâtre, avec les bords des anneaux de l'abdomen ferrugineux, et de très-petits poils de cette même couleur à l'extrémité anale. Elle est renfermée dans une coque de soie molle, de forme allongée, saupoudrée de blanchâtre intérieurement, et dont la couleur extérieure participe toujours de celle de la chenille.

La Lasiocampe *Feuille du chéne* est répandue dans une grande partie de l'Europe. Heureusement sa chenille n'est pas très-commune, car, vu sa grande taille et sa voracité, elle causerait beaucoup de dégâts dans nos vergers.

Nota. Des observations suivies pendant une quinzaine d'années, et toujours faites d'après un grand nombre de sujets, ont appris à Godart que les individus qui habitent le *poirier*, le *prunier*, le *cerisier* et l'*alaterne*, sont ordinairement d'un gris-brun ou noirâtres; que ceux qui mangent les feuilles de l'*épine* ou du *pommier* sont d'un gris-blanchâtre ou rougeâtre; que ceux enfin qui ont le dos jaspé se rencontrent presque toujours sur le *saule* et l'*osier*. Mais les différences dans la couleur de la chenille n'influent point sur la couleur de l'insecte parfait, car des chenilles d'un gris - blanchâtre ou rougeâtre lui ont souvent donné des papillons d'un ferrugineux pâle ou jaunâtre.

ORGYIE PUDIBONDE.

***

ORGYIA PUDIBUNDA. Pl. 10, fig. 1. a-c.

***

Nocturnes. *God.* tom. IV. pag. 239. pl. 22. fig. 2 et 3.

ELLE est ordinairement d'un beau vert-pomme, ou d'un vert-jaunâtre, avec quatre brosses d'égale longueur, d'un jaune-citron, sur les 4e, 5e, 6e et 7e anneaux, un long pinceau de poils roses, incliné en arrière sur le 11e, et trois incisions d'un noir de velours qui séparent les quatre brosses précitées; ces incisions paraissent plus ou moins larges, suivant que la chenille s'allonge ou se contracte dans ses mouvements. Chacun des autres anneaux porte sur le dos un faisceau de poils jaunes, mais moins serrés et plus courts que les brosses, et plus ou moins divergents. Les côtés sont garnis de tubercules de la couleur du fond, d'où partent autant de petites aigrettes de poils jaunes. Les 8e, 9e et 10e anneaux sont marqués latéralement d'une raie noire, longitudinale, et interrompue à chaque incision.

Les stigmates sont blancs et cernés de noir. La tête est d'un vert-jaunâtre, assez grosse, très-convexe, et marquée au centre d'une dépression en forme de Λ renversé. Toutes les pattes sont vertes, avec l'extrémité des membraneuses rose. Enfin le ventre est noir.

On rencontre quelquefois une variété, que nous avons fait représenter, dont les brosses et tous les autres poils sont d'un gris-violâtre, ainsi que le corps, dont les côtés seulement offrent une bande jaune. Dans cette variété les incisions noires restent les mêmes; mais la raie latérale est double, et le pinceau du 11e anneau est d'un noir-violâtre au lieu d'être rose.

On trouve cette chenille depuis la mi-juillet jusqu'en octobre, mais plus communément à l'arrière-saison. Elle vit sur le *chéne*, le *hêtre*, le *bouleau*, l'*orme*, le *peuplier*, le *saule*, l'*osier*, etc. Parvenue à toute sa taille, elle se file, entre les feuilles ou les bifurcations des branches, une coque légère, ovoïde, d'un jaune-roussâtre, dans laquelle elle fait entrer ses poils.

La chrysalide est cylindrico-conique, courte, d'un brun-noir luisant, avec les incisions plus claires, et l'anus terminé par une pointe épaisse. Elle est en outre hérissée de petits poils roux; elle passe l'hiver, et l'insecte parfait n'en sort qu'en mai de l'année suivante ; mais si on la tient dans une chambre chaude, le papillon éclôt dès le mois de février et quelquefois plus tôt.

Cette espèce se trouve communément dans une grande partie de l'Europe.

DUPONCHEL.

ORGYIE FASCELINE.

ORGYIA FASCELINA. Pl. xi. fig. 1. a–c.

Nocturnes. *God.* tom. iv. pag. 244. pl. 23. fig. 1 et 2.

CETTE chenille change de livrée en grandissant : dans son jeune âge, c'est-à-dire avant la dernière mue, sa peau est noirâtre, avec des tubercules de la même couleur, d'où partent autant de bouquets de poils disposés en étoiles, lesquels sont jaunes et entremêlés de poils noirs, principalement sur les côtés. Elle porte sur le dos, depuis et compris le quatrième anneau jusqu'au huitième inclusivement, cinq brosses de poils blancs épais, dont les deux premières sont noires à leur extrémité et les trois autres entièrement blanches. Elle porte en outre, sur le onzième anneau, un pinceau de poils noirs, incliné vers l'anus, et sur le cou deux aigrettes de poils également noirs, disposées en manière de cornes de chaque côté de la tête. Celle-ci est d'un noir luisant, ainsi que les pattes écailleuses. Les membraneuses et le ventre sont noirâtres.

15

Après la dernière mue, tous les bouquets de poils implantés sur les tubercules deviennent gris et les cinq brosses blanches, avec leur centre noir ; mais comme les poils du centre sont plus longs que ceux des côtés, il en résulte que, vues de profil, ces brosses paraissent blanches avec leur extrémité noire. Le ventre, qui d'abord était entièrement noirâtre, offre alors deux rangées de taches jaunes. Quant aux autres parties du corps, elles n'éprouvent aucun changement sensible. Pour compléter cette description, il nous reste à parler des deux vésicules roussâtres placées sur les neuvième et dixième anneaux, et qui ne sont bien visibles que lorsque la chenille écarte ses anneaux, soit en marchant, soit en se roulant en cercle sur elle-même.

Les chenilles dont il s'agit vivent en société dans leur jeune âge, passent l'hiver, et ne prennent toute leur croissance qu'au printemps suivant. On les trouve sur un grand nombre de plantes basses, mais principalement sur le *genêt à balais* (*genista scoparia*) ; parvenues ordinairement à toute leur taille vers la fin de mai, elles filent alors entre des feuilles un cocon de soie d'un gris-jaunâtre entremêlé de leurs propres poils, et s'y changent, quelques jours après, en une chrysalide d'un brun-noir luisant, garnie de poils roux sur le dos, et terminée par une pointe assez longue. L'insecte parfait en sort un mois ou trois semaines après.

Beaucoup de ces chenilles, dans leur jeune âge, sont la proie d'un petit ichneumon qui se chrysalide dans leur intérieur, après avoir filé une coque d'un tissu papyracé, dont la partie supérieure est recouverte par le corps de la chenille qui conserve toute sa forme extérieure, tandis que sa partie inférieure est collée contre la branche sur laquelle la chenille s'était fixée pour changer de peau.

Cette espèce, répandue dans une grande partie de l'Europe, n'est pas rare dans les environs de Paris; elle est même très-commune certaines années au bois de Boulogne, dans les clairières où abonde le genêt.

DUPONCHEL.

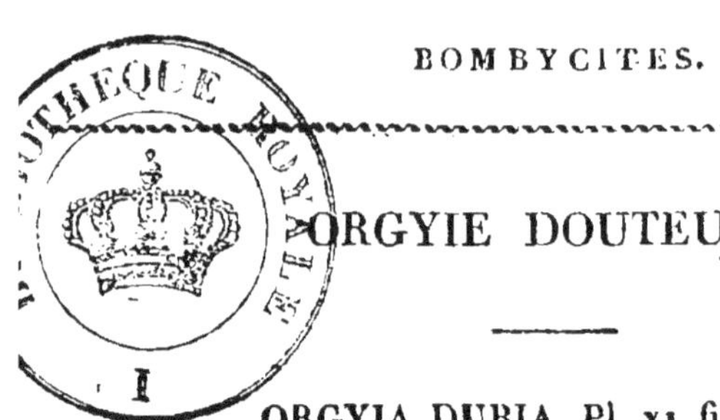

ORGYIE DOUTEUSE.

ORGYIA DUBIA. Pl. xi. fig. 2. a-b.

Suppl. aux Nocturnes. *Dup.* tom. iii. pag. 75. pl. 5. fig. 3.

M. Graslin a donné dans le 4ᵉ trimestre 1836, des Annales de la Société entomologique de France qui a paru au commencement de 1837, une histoire complète de cette espèce trouvée par lui en Andalousie, lors du voyage qu'il y fit avec M. le docteur Rambur en 1835. Nous allons en extraire ce qui a rapport à la chenille.

« Lorsqu'elle est parvenue à toute sa grandeur (vers la fin de mai ou le commencement de juin), elle a la peau d'un noir-brunâtre, parsemée de petites taches irrégulières d'un jaune-soufre, plus grosses en approchant des incisions. Chaque anneau présente une rangée transverse de huit tubercules orangés, qui donnent naissance à des pinceaux de poils d'un blanc-roussâtre; le plus gros de ces tubercules est le second, en descendant du dos, sur le côté; les quatrième, cinquième, sixième et septième **anneaux** ont une

14

large brosse de poils serrés d'un fauve-brunâtre, dont le milieu est d'un blanc sale ou jaunâtre ; sur le onzième anneau on voit une autre brosse de même couleur, plus petite et moins épaisse ; les poils, dont le douzième est garni, et ceux qui avoisinent la tête, sont un peu plus longs que les autres ; on aperçoit sur le milieu des neuvième et dixième anneaux un petit tentacule charnu, cylindrique, allongé, d'un jaune orangé, creux à son extrémité, et, sur la partie antérieure du premier, un écusson jaunâtre. Le dessous du ventre est d'un gris - brun livide, avec quelques traits transversaux d'un jaune - blanchâtre, plus longs aux incisions. Les pattes membraneuses sont d'un fauve-jaunâtre, avec la couronne et les côtés bruns. Les pattes écailleuses sont de la couleur des membraneuses, avec les côtés d'un brun-roux et la pointe brune. La tête est noire, luisante : on y remarque un V renversé de couleur blanchâtre, formé par la suture de la partie antérieure. Les stigmates ne sont pas visibles à l'œil nu.

« La chrysalide du mâle est d'un brun pâle, roussâtre, luisant, couverte de poils blonds sur le dos ; l'enveloppe des aîles est d'un brun-noir, luisant. Cette chrysalide a de plus une pointe anale obtuse, hérissée de poils crochus à son extrémité. Celle de la femelle présente déjà la forme de l'insecte parfait, et n'est couverte que d'une pellicule très-mince.

« La véritable patrie de cette charmante *Orgyia* est la Sierra-Nevada, où elle se trouve à peu près à mi-côte. La chenille est polyphage; mais elle préfère cependant certains genêts épineux, dont les touffes épaisses et rigides couvrent le sommet de ces montagnes; elle en est descendue et se retrouve dans une seule localité, sur une colline élevée à deux lieues de Grenade. C'est là que j'ai fait la découverte de sa larve, dans le courant du mois de mai, en compagnie de mon ami M. le docteur Rambur. Parvenue à toute sa grosseur vers la fin du même mois, ou au commencement de celui de juin, elle se fait une coque lâche, d'un gris blond, dans laquelle entre une partie de ses poils, et qu'elle place sous des débris de végétaux; les poils presque imperceptibles qui forment cette coque, volent avec une grande facilité, et, s'attachant au visage ou aux mains, y causent des démangeaisons très-désagréables.

« L'insecte parfait éclôt vers la fin de juin ou dans le courant de juillet. Mais sur la Sierra-Nevada, les époques de l'apparition de la larve et du lépidoptère sont différentes; subissant l'influence de la température de ces régions élevées, ce dernier ne se montre que vers la fin du mois d'août ou au commencement du mois de septembre. Comme les autres *Orgyia* de cette section, le mâle cherche sa femelle à l'ardeur du soleil; son vol est rapide et irrégulier. La chenille est assez répandue dans les lieux qu'elle affectionne; mais la difficulté qu'on éprouve à l'élever, et le vol rapide du mâle, peuvent faire regarder cette espèce comme rare.

DUPONCHEL.

LIPARIS CUL-DORÉ.

LIPARIS AURIFLUA. Pl. xiii, fig. i.

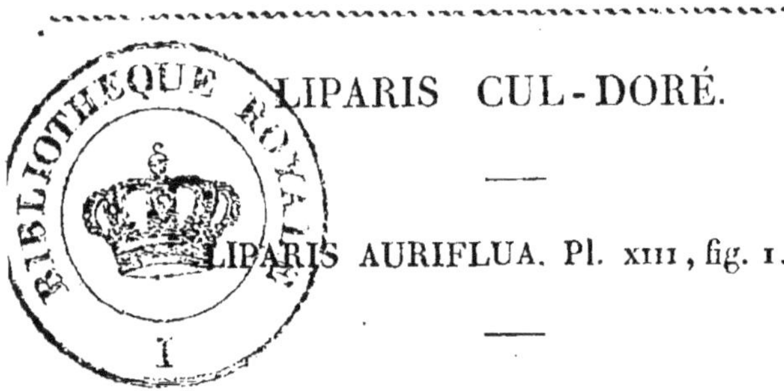

Nocturnes. *God.* tom. iv. pag. 276. pl. xxvii, fig. 4.

Cette chenille ressemble beaucoup à celle de la *Chrysorrhœa* ; mais ses couleurs sont plus vives. Elle en diffère d'ailleurs par le caractère suivant : ses poils sont noirs et blancs au lieu d'être roussâtres : la double ligne rouge de son dos commence au deuxième anneau, et se dilate en croissant sur le quatrième anneau, lequel, ainsi que le suivant se relève en une bosse charnue, dont la sommité est blanche ; les deux rangées de taches séparées par cette double ligne, sont d'un blanc plus pur ; les tubercules qui avoisinent les pattes sont ferrugineux et entourés de rouge ; la tête est plus noire, et il y a sur le premier anneau trois traits jaunes longitudinaux et parallèles ; enfin le dessous du corps est noirâtre, avec les pattes membraneuses blanchâtres.

La chrysalide est noirâtre, recouverte d'un duvet jaune clair, avec les incisions de l'abdo-

14

men un peu ferrugineuses ; elle est contenue dans une coque molle et blanchâtre.

Les mœurs de cette chenille sont absolument les mêmes que celles de la *Chrysorrhœa*, c'est-à-dire qu'elle éclôt en septembre, passe l'hiver dans une toile commune et se métamorphose à la fin de juin ; mais elle est beaucoup moins nuisible , parce que , indépendamment de ce qu'elle est moins commune, elle n'habite guère que les bois. On la trouve sur le *chêne*, le *bouleau*, le *charme*, le *saule*, le *prunellier*, le *peuplier* et surtout l'*aubépine*.

Les œufs sont d'un jaune de millet , et la bourre soyeuse qui les recouvre est d'un jaune-doré pâle.

Duponchel.

BOMBYX LIVRÉE DES PRÉS.

BOMBYX CASTRENSIS. Pl. xiii, fig. 2. a-c.

Nocturnes. *God.* tom. iv. pag. 142. pl. xiii. fig. 5 et 6.

CETTE chenille ressemble beaucoup à celle de la *Neustria*. Elle est, comme elle, peu garnie de poils, et les bandes longitudinales dont elle est ornée, sont colorées et disposées de la même manière que chez sa congénère; mais les lignes noires qui séparent ces bandes, au lieu d'être droites, sont ondulées, et les bandes fauves sont plus ou moins marbrées ou vermiculées de noir. D'un autre côté la raie dorsale est d'un blanc sale ou jaunâtre, et quelquefois oblitérée ; la tête d'un gris cendré manque de points noirs, ainsi que le premier anneau, et le onzième est dépourvu d'éminence. Du reste, le ventre est blanchâtre, avec une série de taches noires irrégulières; les pattes écailleuses sont d'un noir luisant, et les membraneuses sont fauves et marquées en dehors d'une tache bleuâtre.

Dans son jeune âge, cette chenille vit en société nombreuse sous des tentes de soie, comme

14

celle de la *Neustria*, et de là vient sans doute le nom de *Castrensis* donné à son papillon ; mais après la dernière mue elle se sépare de ses semblables, et vit solitaire. On la trouve ordinairémént parvenue à toute sa taille au commencement de juillet. Pour subir sa métamorphose, elle file entre les feuilles des plantes basses, une coque qui ne diffère en rien de celle du Bombyx *Neustria*. Sa chrysalide a aussi la même forme, et est également saupoudrée de jaunesoufre. L'insecte parfait éclôt dans le courant d'août.

La chenille qui nous occupe est beaucoup moins commune que celle du Bombyx *Neustria;* elle se plaît dans les endroits secs et exposés au soleil. Elle vit sur une infinité de plantes basses, mais principalement sur l'*helianthemum vulgare* et l'*euphorbia cyparissias.* Elle n'est pas rare aux environs de Paris, notamment au bois de Boulogne, sur les bords de la route qui conduit de Passy à Saint-Cloud.

Godart prétend avoir pris cette chenille sur le chêne, l'épine et le bouleau , et principalement sur le premier de ces arbres; mais ne peut-on pas supposer qu'elle s'y trouvait, non pour y vivre, mais pour s'y transformer. Quant à moi, je ne l'ai jamais rencontrée que sur des plantes herbacées, et dans des lieux très-peu garnis d'arbres.

DUPONCHEL.

LIPARIS CUL-BRUN

LIPARIS CHRYSORRHOEA. Pl. xiii, fig. 2.

Nocturnes. *God.* tom. iv. pag. 273. pl. xxvii. fig. 3.

Parvenue à toute sa taille, cette chenille a le corps noirâtre et garni de six rangs de tubercules pareillement noirâtres, d'où s'élèvent des aigrettes de poils roussâtres. Ses trois premiers anneaux sont marqués de plusieurs points fauves, et elle a sur le dos, à partir du quatrième segment jusqu'au onzième inclus, deux rangées de taches blanches bordées antérieurement de poils roussâtres ou brunâtres, et séparées par deux lignes rouges. Elle a en outre, sur le neuvième et le dixième anneau, deux petites vésicules retractiles, d'un rouge plus vif que les deux lignes entre lesquelles elles sont placées. Les stigmates ne sont pas distincts. La tête est d'un brun-noirâtre. Les pattes écailleuses sont fauves, avec leur extrémité noirâtre; les membraneuses, au contraire, sont noirâtres avec l'extrémité fauve. Le dessous du corps est noir et strié de jaune transversalement.

14

Les œufs pondus en juillet éclosent en septembre, et les petites chenilles qui en sortent passent l'hiver en société sous une tente soyeuse, qu'elles filent en commun à l'extrémité des branches, et qui est divisée en autant de cellules qu'il y a d'individus. Dès que la végétation renaît, elles sortent de leur retraite, et se nourrissent aux dépens des jeunes pousses qui sont à leur portée, sauf à rentrer dans leur tente aussitôt que la nuit approche, ou s'il vient à pleuvoir, ou bien encore si la température se refroidit. Quand elles ont tout dévoré sur la branche où elles étaient établies, elles en choisissent une autre, et s'y fabriquent en peu de temps une nouvelle tente pour s'abriter. Ce n'est qu'après la dernière mue, c'est-à-dire dans le courant de juin, qu'elles quittent leur demeure pour n'y plus rentrer; elles se répandent alors sur toutes les branches, et ne tardent pas à chercher un abri pour se chrysalider; chacune d'elles se file entre les feuilles ou dans les bifurcations des branches, une coque molle, grisâtre, entremêlée de poils. La chrysalide est entièrement d'un noir-brun, avec les anneaux bosselés et recouverts d'un duvet roussâtre. Son anus se termine par une petite pointe conique, à l'extrémité de laquelle il y a une petite houppe de crochets ferrugineux. L'insecte parfait en sort au commencement de juillet.

Cette chenille est une des plus communes qui existent, et celle qui cause le plus de dégâts aux arbres fruitiers ; elle attaque aussi les arbres des routes et des forêts, qu'elle dépouille quelquefois entièrement de leurs feuilles. Aussi c'est principalement pour elle que l'échenillage a été ordonné. Mais pour que cette opération soit efficace, il faut la faire dans le courant de l'hiver, et ne pas attendre, comme on le fait ordinairement, que les chenilles soient sorties de leur retraite. D'ailleurs, dans cette saison, leurs nids ou tentes s'aperçoivent bien mieux, et il faut les enlever avec la portion de branche à laquelle ils sont fixés, et les brûler immédiatement. Un autre moyen non moins sûr de détruire cette espèce, c'est de détacher avec un racloir les paquets d'œufs aussitôt après la ponte, c'est-à-dire en juillet, et de les écraser sous le pied. Ces paquets sont faciles à découvrir, étant recouverts d'une bourre soyeuse d'un fauve doré qui tranche avec la couleur du tronc ou de la branche sur laquelle ils sont collés.

DUPONCHEL.

BOMBYX LIVRÉE.

BOMBYX NEUSTRIA. Pl. xiii, fig. 1. a b.

Nocturnes. *God.* tom. iv. pag. 137. pl. xiii. fig. 3 et 4.

Le nom de *Livrée* a été donné à cette chenille par
les jardiniers, à cause des raies ou bandes de diverses couleurs dont elle est marquée dans toute sa
longueur, et qui forment comme des rubans sur
toute la surface de son corps, en voici au reste la
description : elle est très-peu velue, et ses poils
sont roussâtres. Elle a sur le milieu du dos une
raie blanche très-étroite, et de chaque côté trois
bandes d'un roux fauve, bordées de noir, dont
les deux supérieures sont séparées de la troisième ou de l'inférieure par une bande plus
large d'un bleu cendré, et marquée d'un point
noir sur chaque anneau. Les stigmates sont
bruns, et placés immédiatement au-dessous de la
troisième bande sur un fond d'un gris-bleuâtre.
Le onzième anneau offre une petite éminence
bifide noire, partagée par la raie blanche dont
nous avons parlé plus haut. La tête est d'un bleu
cendré, avec un point noir sur chaque lobe, et

14

l'on voit deux points semblables sur le premier anneau, qui est également d'un bleu cendré. Toutes les pattes sont d'un gris-noirâtre foncé, avec la couronne des membraneuses d'un blanc sale. Le ventre est noirâtre, et présente sur chaque segment une tache plus foncée.

Cette chenille éclôt au printemps, et tous les individus d'une même ponte vivent en société dans une toile commune, depuis leur naissance jusqu'à leur métamorphose en chrysalide, qui a lieu ordinairement dans le courant de juin. A cette époque chaque chenille file, soit entre des feuilles, soit sous une corniche de mur, ou tout autre abri, une coque composée d'un double tissu, dont le premier est fort lâche et le second plus serré. Cette coque est ovale, molle, blanche, et enduite intérieurement d'une espèce de bouillie qui sèche promptement, et forme à la surface extérieure une poussière jaune qui ressemble à de la fleur de soufre, mais qui n'est nullement inflammable.

La chrysalide est d'un brun-noir, saupoudrée de cette même poussière jaune, avec les stigmates d'un noir foncé, les anneaux et les deux extrémités garnis de cils roussâtres; et la partie postérieure, brusquement atténuée, est terminée en une pointe allongée et obtuse. L'insecte parfait en sort vers le commencement de juillet.

« Les œufs, dit Engrammelle, ont la forme

« d'une pyramide polygone tronquée, dont les
« arêtes sont arrondies. La femelle les dépose
« en forme de bague ou de bracelet, autour des
« petites branches, sur une couche de gomme,
« dans laquelle est implanté le sommet de ces
« espèces de cônes ; ils sont très-serrés l'un
« contre l'autre, et l'on ne voit que leurs bases,
« qui ressemblent à de petits grains d'émail. »

Ces œufs ainsi disposés bravent les hivers les
plus rigoureux.

La chenille dont il s'agit est très-commune dans
toute l'Europe, et vit sur presque tous les arbres;
mais elle préfère ceux de nos jardins fruitiers,
qu'elle dépouille souvent de toutes leurs feuilles:
aussi est-elle bien connue des jardiniers sous le
nom de *Livrée*, comme nous l'avons dit plus haut.
Le meilleur moyen de la détruire est de couper les
petites branches qui sont entourées des bracelets
d'œufs dont nous venons de parler, et de les jeter
au feu. Cette opération doit être faite en hiver,
parce qu'alors les arbres étant dépouillés de leurs
feuilles, il est plus facile d'apercevoir ces bracelets. Ou bien, il faut au printemps, avant que les
feuilles soient développées et par un temps froid,
enlever avec l'échenilloir les toiles qui renferment les petites chenilles, en sacrifiant les portions de branche qui les supportent, et brûler
le tout immédiatement.   Duponchel.

CLOSTÈRE ANASTOMOSE.

CLOSTERA ANASTOMOSIS. Pl. xiv. fig. 1. a. b.

Nocturnes. *God.* tom. iv. pag. 225. pl. xxi. fig. 3.

CETTE chenille, dont la tête est proportionnellement assez grosse, prend une forme très-raccourcie dans l'état de repos, et paraît alors plus large antérieurement que postérieurement. Elle est d'un gris-brun veiné de jaune sur les flancs, et d'un brun-noir sur le dos. La région dorsale est bordée, de chaque côté, par une ligne d'un jaune fauve, laquelle est marquée sur chaque anneau d'un point rouge saillant. Cette région est marquée elle-même dans toute sa longueur de deux lignes jaunes très-fines interrompues à chaque incision, et de dix-huit points blancs, dont deux sur chaque anneau, à l'exception du premier, du quatrième et du onzième, qui en sont dépourvus. Ces deux derniers, en revanche, sont surmontés chacun d'un mamelon pyramidal, charnu, d'un brun-noirâtre, et dont le sommet se divise en quatre tubercules velus. Le quatrième anneau offre en outre, de chaque côté, deux verrues noires veinées de jaune. Les points rouges, placés sur les deux lignes jaunes qui bordent la région dorsale, sont saillants, comme nous l'avons dit plus haut; mais il est à remarquer que ceux des deuxième, troisième et cinquième anneaux le sont beaucoup plus, et de forme conique; tous sont d'ailleurs surmontés de quelques poils courts roussâtres. La tête, dont le fond est noirâtre, paraît d'un gris-roux à cause des poils de cette dernière couleur, dont elle est hérissée. Les pattes et le ventre sont de la couleur des flancs.

Elle vit entre des feuilles qu'elle lie ensemble par quelques fils, sur différentes espèces de saule et de peuplier, mais principalement sur le *peuplier blanc* (*populus alba*). Elle paraît d'abord en juin et au commencement de juillet, et pour la seconde fois en août et septembre. Les papillons de la première génération éclosent tous en juillet; ceux de la seconde éclosent, les uns en septembre et octobre, et les autres en mai de l'année suivante. C'est de ces derniers que proviennent les chenilles que l'on commence à trouver en juin.

La chrysalide est d'un noir luisant sur le corselet et l'enveloppe des ailes, et d'un brun-roux également luisant sur l'abdomen; celui-ci est marqué longitudinalement sur le dos de deux rangées de taches rougeâtres. On aperçoit deux séries de petits points de la même couleur sur les côtés. Sa pointe anale est armée de plusieurs petits crochets qui la retiennent à l'un des bouts de la coque. Celle-ci est rousse, d'un tissu à claire-voie, et contenue tantôt entre des feuilles, tantôt dans une seule repliée sur elle-même.

L'espèce dont il s'agit est répandue dans une grande partie de l'Europe. Cependant elle a passé longtemps pour très-rare aux environs de Paris, au point que les amateurs de cette capitale la faisaient venir d'Allemagne ; mais, depuis 1837, on la trouve très - communément, au bois de Boulogne et au bois de Vincennes, sur les jeunes peupliers blancs qui bordent les allées.

DUPONCHEL.

CLOSTÈRE ANACHORÈTE.

CLOSTERA ANACHORETA. Pl. xiv. fig. 3.

Nocturnes. *God.* tom. iv. pag. 23o. pl. xxi. fig. 6.

ELLE a le port de la *Reclusa*. La région dorsale est d'un gris cendré un peu jaunâtre, la région latérale d'un gris foncé un peu luisant. La ligne vasculaire est noirâtre, un peu interrompue, légèrement lisérée de couleur claire. Entre elle et la sous-dorsale, on remarque des traces d'une ligne d'un gris noirâtre, qui souvent même n'existent que dans les incisions. Chaque anneau est marqué, à la hauteur de la sous-dorsale, d'une grosse tache noire précédant la verrue trapézoïdale postérieure qui est seule visible, l'antérieure n'étant que rudimentaire. Cette verrue, et les autres qui se remarquent sur les côtés, sont fauves, et garnies de poils assez longs de la même couleur. Le quatrième anneau est en-dessus d'un noir velouté, les verrues trapézoïdales *anté-rieures* y sont très-développées, ou plutôt elles sont postées sur un gros tubercule d'un ferrugineux foncé, de chaque côté duquel se voit une tache d'un blanc pur. Le onzième anneau porte un tubercule semblable, mais point de taches blanches. La tête est noire, garnie de poils fauves, et marquée d'un V frontal roussâtre. Les stigmates sont livides, avec le centre noir; le ventre est gris et les pattes sont d'un roux sale.

Cette chenille varie peu, même dans le jeune âge. Elle vit, comme la *Reclusa*, entre des feuilles qu'elle lie avec de la soie. On la trouve sur les mêmes arbres et aux mêmes époques. Elle est beaucoup plus commune aux environs de Paris, et plus rare au contraire dans le midi, et même dans le centre de la France.

Son mode de transformation est aussi le même, et sa chrysalide est peu différente; seulement elle est peut-être un peu plus luisante et moins chagrinée.

L'insecte parfait éclôt aux mêmes époques.

A. GUENÉE.

CLOSTÈRE COURTAUDE.

CLOSTERA CURTULA. Pl. xiv. fig. 2.

Nocturnes. *God.* tom. iv. pag. 233. pl. xxi. fig. 5.

ELLE a à peu près le port de la *Reclusa* et de l'*Anachoreta*, mais ses anneaux postérieurs sont ordinairement un peu plus renflés, ce qui la fait paraître plus épaisse et proportionnellement plus courte. Il nous paraît même vraisemblable que c'est cette conformation qui a valu à l'espèce le nom qu'elle porte, et non, comme le dit Godart, la forme de l'insecte parfait qui ne diffère point de celle de ses congénères.

Cette chenille varie un peu pour la couleur, qui est parfois blanchâtre ou roussâtre, mais plus ordinairement d'un gris cendré un peu violâtre. Dans tous les cas, elle est sablée d'atomes d'un brun-noir, qui, vus à la loupe, paraissent légèrement cerclés de couleur claire. Sur le dos, ces atomes tendent à former des lignes, savoir : une sous-dorsale, et une autre, à peu de distance de la vasculaire qui est d'un gris plombé, et assez peu visible. Les points trapézoïdaux sont un peu verruqueux, d'un jaune d'ocre plus ou moins orangé, mais les deux antérieurs sont fort peu visibles, surtout sur les anneaux intermédiaires. Sur les côtés, on voit deux rangs de verrues semblables, et, à la loupe, on en aperçoit de plus petites contiguës aux supérieures; mais, à la vue simple, la chenille n'offre en tout que trois rangées longitudinales de verrues de chaque côté du corps. Les stigmates sont placés entre les deux rangées latérales; ils sont noirs, et, au-dessus, on voit encore une rangée de petites verrues, mais à peine saillantes et peu distinctes, ailleurs que sur les premiers anneaux. Le ventre et les fausses pattes sont de la couleur du fond, ou un peu plus foncés; les vraies pattes sont noirâtres, et la tête est d'un noir terne, avec un enfoncement grisâtre ou jaunâtre, sur le pourtour intérieur des calottes. Les poils sont blanchâtres, fins et soyeux. Enfin, sur les quatrième et onzième anneaux, on remarque, comme chez la *Reclusa*, un petit tubercule d'un noir velouté.

Cette chenille vit sur les mêmes arbres que ses deux congénères, et se trouve aux mêmes époques. La chrysalide et le mode de transformation n'offrent point de différences essentielles, et l'insecte parfait paraît en même temps que les deux autres. Il se trouve dans une grande partie de l'Europe.

A. GUENÉE.

PYGÈRE BUCÉPHALE.

PYGÆRA BUCÉPHALA. Pl. 15. fig. 1-2.

Nocturnes. *God.* tom. iv. pag. 236. pl. 23. fig. 1.

CETTE chenille est allongée, légèrement aplatie en-dessous, d'une consistance un peu molle, et entièrement garnie de poils fins, soyeux, peu touffus, blancs. La tête est d'une grosseur peu ordinaire, noire, avec un V frontal jaune bien marqué. La plaque de la nuque est d'un jaune-roux, avec deux taches noires.

Chaque anneau est traversé par une bande transverse d'un jaune-roussâtre sombre, finement pointillée de jaune clair. En outre, le corps est rayé longitudinalement par des ligues ou bandes alternativement blanches, et noires piquées de blanc, qu'interrompent les bandes transverses dont nous venons de parler. La plus large bande noire est sur le dos; elle est bordée de deux lignes blanches ou jaunes; puis viennent deux autres bandes noires séparées par une ligne d'un jaune-verdâtre ou roussâtre; enfin, sur les côtés au-dessus des stigmates, sont deux lignes blanches divisées par une raie noire. Tous ces dessins sont souvent assez confus, à cause des bandes transverses qui les interrompent et des points blancs qui les piquent. Les stigmates sont noirs, gros, placés sur les bandes transverses. Le ventre est jaune, piqué de roux, les vraies pattes noirâtres, et les fausses d'un jaune-obscur taché de noir. Le dernier anneau est noir, avec une ligne transverse jaune.

Cette chenille vit en société de huit à dix individus sur plusieurs arbres, principalement sur le *chêne* (*quercus robur*), les *saules*, le *bouleau* (*betula alba*), etc. Elle mange beaucoup et croît rapidement. On la trouve depuis la fin de juillet jusqu'en octobre, et elle est aussi commune que facile à découvrir. Pour se métamorphoser, elle s'enfonce en terre, et se change, sans former de coque, en une chrysalide d'un noir-brun chagrinée, peu conique à la partie postérieure, obtuse et terminée par une saillie bifide, armée de six pointes. L'enveloppe des ailes occupe fort peu de place.

Le papillon éclôt à la fin de mai ou dans le courant de juin de l'année suivante. Il est commun partout.　　　　A. Guenée.

Nota. Ainsi qu'on le voit par nos descriptions, cette chenille diffère notablement pour la forme, les mœurs et le mode de transformation, des espèces figurées sur la planche xiv. Ces différences, jointes à celles que présentent les insectes parfaits, justifient suffisamment la séparation en deux genres que nous adoptons à l'exemple des entomologistes anglais.

PYGÈRE BUCÉPHALOIDE.

PYGÆRA BUCEPHALOIDES. Pl. 15. fig, 3.

Supplément aux Nocturnes. *Dup.* tom. iii. pag. 111. pl. xi fig. 1.

CETTE chenille ne diffère de celle du Pygère *Bucéphale* quant à la forme, que parce que son pénultième anneau est surmonté d'un petit tubercule : du reste elle en a tout à fait le port ; mais ses couleurs, qui varient un peu d'un individu à l'autre, sont beaucoup moins tranchées. Elle est ordinairement d'un gris-brun ou cendré, avec cinq raies longitudinales de chaque côté du corps, quelquefois jaunâtres, mais le plus souvent d'un blanc sale. Ces cinq raies sont interrompues sur le milieu de chaque anneau par une rangée transverse de gros points jaunes qui parfois se réunissent en bande continue. Les stigmates d'un brun - noir sont placés sur les plus inférieurs de ces points. Le tubercule du onzième anneau est noirâtre. Les pattes écailleuses sont aussi de cette couleur ; les membraneuses sont noires et variées de jaune. La tête est d'un brun-noir pointillé de roux , avec un V frontal, jaune comme celle du *Bucéphale*.

On trouve cette chenille depuis la fin d'août jusqu'à la fin d'octobre sur le *chéne rouvre* (*quercus robur*), ainsi que sur le *chéne vert* (*quercus ilex*); elle se métamorphose en terre comme celle du *Bucéphale*, et son papillon éclôt en mai de l'année suivante.

Cette espèce est beaucoup moins répandue que sa congénère : elle n'a encore été trouvée qu'en Hongrie, en Corse, et dans le midi de la France.

La figure que nous donnons de sa chenille, est la copie d'un dessin fait d'après nature par M. le docteur Rambur, pendant son séjour en Corse.

DUPONCHEL.

LASIOCAMPE FEUILLE DE BOULEAU.

LASIOCAMPA BETULIFOLIA. Pl. xvi. fig. 1.

Nocturnes. *God.* tom. iv. pag. 82. pl. 7. fig. 4.

CETTE chenille est en-dessus d'un gris cendré plus ou moins clair, tantôt uniforme et tantôt marbré de gris plus foncé. Le tubercule du onzième anneau, très-prononcé dans la *Quercifolia*, est ici à peine saillant. Les deux incisions ou colliers des 2ᵉ et 3ᵉ anneaux sont d'un beau jaune orangé, d'un noir-bleuâtre aux deux extrémités, et interrompues au milieu par une tache de la même couleur. La tête, proportionnellement très-grosse, est de la couleur du corps, et surmontée de deux pinceaux de poils d'un gris-noirâtre. Les poils qui garnissent les appendices pédiformes sont d'un gris-blanchâtre, mélangés de quelques autres plus foncés. Les stigmates, très-petits et à peine visibles, sont roussâtres et finement cernés de noir. Le dessous du corps est d'un noir assez intense sur les trois premiers anneaux, et marbré de brun et d'orangé sur les autres, avec une tache noire entre chaque paire de pattes membraneuses.

16

Elle vit sur le *chéne*, les différentes espèces de *peupliers*, le *saule* et le *bouleau* (*betula alba*). On la trouve ordinairement parvenue à toute sa taille dans le courant d'août. Elle file alors, entre les feuilles ou dans les bifurcations des branches, une coque assez molle d'un gris-blanchâtre , et saupoudrée intérieurement de roussâtre, dans laquelle elle se change en une chrysalide courte et obtuse d'un brun clair, et garnie de poils dans le voisinage de la tête et du corselet. Cette chrysalide passe l'hiver, et l'insecte parfait en sort en avril ou mai de l'année suivante.

Cette espèce est répandue dans toute l'Europe, sans être commune nulle part. Elle est rare aux environs de Paris.

DUPONCHEL.

LASIOCAMPE DU PIN.

LASIOCAMPA PINI. Pl. xvi. fig. 2. a. b.

Nocturnes. *God.* tom. iv. pag. 90. pl. 8. fig. 2.

Cette chenille diffère beaucoup non - seulement d'un individu à l'autre, mais encore suivant qu'elle est plus ou moins avancée en âge, et nous aurions fort à faire si nous voulions entrer dans le détail de toutes ses variétés. Nous nous bornerons donc à la décrire telle qu'on la rencontre le plus ordinairement, lorsqu'elle est parvenue à toute sa taille, c'est-à-dire telle qu'elle est représentée. Le fond de sa couleur est d'un gris-brun, finement pointillé de noirâtre, et marbré de roux et de blanchâtre à certaines places. Les deux incisions ou colliers qu'on remarque dans toutes les chenilles de ce genre, sont ici d'un bleu foncé, et séparées l'une de l'autre par une grande tache blanchâtre. Une seconde tache de la même couleur, et bordée de noir, couvre une partie du dos des septième et huitième anneaux. Chacun des autres anneaux est marqué sur le dos d'une tache ferrugineuse bordée de

noir, et ayant plus ou moins la forme d'une losange. Une raie noirâtre, ondulée, règne le long
et de chaque côté du corps, depuis et compris
le quatrième anneau jusqu'au onzième inclusivement. Sur cette raie sont placés les stigmates,
qui sont d'autant plus apparents, quoique petits, qu'ils sont d'un beau blanc. La tête est
brune et rayée de brun plus foncé. Les pattes
écailleuses sont noirâtres et les membraneuses
d'un roux ferrugineux. Le tubercule du onzième
anneau est peu saillant et surmonté d'un pinceau de poils qui sont bleuâtres à leur origine.
Les appendices pédiformes, qui sont très-prononcés dans les autres espèces du même genre,
sont remplacés dans celle-ci par des tubercules
à peine saillants, garnis de poils blanchâtres. Le
dessous du corps est d'un gris-roussâtre clair,
avec des taches d'un brun plus ou moins foncé
entre chaque paire de pattes membraneuses.

Cette chenille vit sur différentes espèces de
pin, mais principalement sur le *pin sylvestre*
(*pinus sylvestris*), qui croît non-seulement dans
le nord de l'Europe, mais dans les parties monta-
gneuses du centre et du midi de la France; aussi y
est-elle plus commune qu'ailleurs, principalement dans les environs de Lyon. Comme toutes
celles du même genre, elle sort de l'œuf à l'arrière-saison, passe l'hiver dans quelque trou ou

sous l'écorce de l'arbre qui l'a vue naître, sort de sa retraite pour manger chaque fois que la température se radoucit, et continue de croître jusqu'à la fin de mai, époque à laquelle elle a acquis ordinairement tout son développement. Elle ne tarde pas alors à se renfermer dans un cocon qu'elle file entre des feuilles ou sous l'écorce du pin. Ce cocon est de forme allongée, bien fourni, dans le milieu, de soie roussâtre, entremêlée de ses poils, mais dont les deux bouts sont d'un tissu plus clair ; celui du côté de la tête reste comme ouvert. La chrysalide, assez allongée et arrondie à ses deux extrémités, est d'un brun-noirâtre, avec les jointures des anneaux ferrugineuses. L'insecte parfait éclôt au bout de trois ou quatre semaines, c'est-à-dire à la fin de juin ou au commencement de juillet.

La Lasiocampe du *Pin* ne varie pas moins sous la forme de papillon que sous celle de chenille, et les deux sexes diffèrent beaucoup entre eux. Cette espèce paraît répandue dans toute l'Europe, sans être commune nulle part.

Duponchel.

GENRE DICRANOURE. *Latreille.*

GENUS DICRANURA.

CARACTÈRES GÉNÉRIQUES.

Chenilles glabres à peau lisse, manquant de pattes anales, et dont la partie postérieure du corps, allant en pointe, se termine par deux appendices fistuleux et cornés, renfermant chacun un tentacule rétractile.

Chrysalide courte, cylindrico - conique, contenue dans une coque très-dure, composée d'un mélange de rognures de bois ou d'écorce, et de matière gommeuse.

Ce genre, aussi naturel que bien caractérisé, se borne jusqu'à présent à cinq espèces, dont les chenilles ont la plus grande ressemblance entre elles, en même temps que leur forme est des plus singulières. Toutes ont le corps très-gros dans sa partie antérieure, et très - effilé et finissant en pointe dans sa partie postérieure, avec le troisième anneau élevé en pyramide, et le dernier terminé par une double queue qui remplace les pattes anales. Cette double queue se compose de deux tubes, dont la longueur égale celle des quatre derniers anneaux; ils sont

16

d'une substance cornée, minces, un peu plus gros à leur origine qu'à l'autre bout, et hérissés, du côté du dos, de deux rangées d'épines courtes; chacun d'eux renferme, comme dans un étui, un filet ou tentacule charnu, que la chenille en fait sortir à volonté. Ces filets, qu'elle peut allonger, raccourcir, replier, et faire jouer en tous sens, lui servent de moyens de défense contre les mouches ou les ichneumons qui viennent se placer sur son dos pour le piquer et y déposer leurs œufs : en effet, dès qu'elle se sent toucher par un de ces parasites, on la voit redresser sa double queue, en faire sortir les deux tentacules dont nous venons de parler, et les diriger subitement sur le point attaqué. Ainsi, on peut les comparer à deux fouets, dont la nature l'a pourvue pour chasser ses ennemis.

Cette arme défensive était d'autant plus nécessaire aux chenilles dont il s'agit, qu'elles ont la peau très-mince et presque transparente. Mais ce n'est pas la seule qu'elles possèdent; elles ont en outre, sur le cou, une fente transversale d'où elles font sortir, quand elles sont irritées, quatre espèces de mamelons qui lancent au loin une liqueur très-acide. Il paraît néanmoins, d'après les observations de Bonnet, le célèbre auteur de la Contemplation de la nature, que le véritable usage de cette liqueur serait d'attendrir et de macérer les rognures de bois ou d'écorce qu'elles font entrer dans la construction de leur coque, et plus tard de ramollir le bout de cette coque, correspondant à la tête du papillon, afin de faciliter la sortie de ce dernier au moment de son éclosion.

Malgré les deux moyens de défense dont nous venons de parler, les chenilles de *Dicranoures* n'en sont pas moins piquées aussi souvent que les autres par les mouches ou les ichneumons, car nous avons observé qu'un quart au moins de celles que nous avons élevées se trouvaient dans ce cas.

Lorsque ces chenilles changent de place, ce qui leur arrive rarement, la bosse pyramidale du troisième anneau s'affaisse, et la partie antérieure de leur corps s'allonge; alors elles ont à peu près la même forme que les chenilles ordinaires : mais dans l'état de repos, elles ressemblent beaucoup, par leur attitude, à celles des *Sphingides;* elles relèvent les deux extrémités de leur corps et ne posent que sur les pattes intermédiaires, en même temps qu'elles rentrent leur tête sous le premier anneau, comme sous un capuchon.

Elles vivent toutes sur les différentes espèces de saule et de peuplier, et quelquefois sur d'autres arbres. Des cinq espèces connues, deux,

Vinula et *Erminea*, ne paraissent qu'une fois l'an, dans le milieu de l'été; les trois autres, *Furcula*, *Bicuspis* et *Verbasci*, se montrent deux fois, d'abord du 15 juin au 15 juillet, et ensuite du 15 août au 15 septembre. Toutefois ces époques ne sont pas tellement fixes qu'elles ne varient suivant les pays et les années, car je me rappelle avoir pris dans les environs de Toulon une chenille d'*Erminea* parvenue à toute sa taille à la fin de mai, et, chose particulière, je l'avais fait tomber d'un platane.

Lorsque l'une de ces chenilles est sur le point de se transformer, elle choisit une branche un peu forte de l'arbre sur lequel elle a vécu, pour y attacher sa coque, qu'elle construit avec les rognures d'écorce qu'elle a enlevées à cette branche, et qu'elle agglutine ensemble au moyen d'une liqueur gommeuse, dont la nature l'a abondamment pourvue, indépendamment de celle qui lui sert à ramollir les fibres du bois, ainsi que nous l'avons dit plus haut. Cette coque est d'une consistance très-dure et très-solide, et ressemble par sa forme et sa couleur à une nodosité de la branche à laquelle elle est fixée, ce qui fait qu'elle est très-difficile à trouver.

Il arrive assez souvent que les chenilles de *Dicranoures* perdent une de leurs queues en changeant de peau; mais cette perte n'empêche pas la chrysalide de se bien former, et de donner naissance à un papillon bien entier ; ce qui prouve que ces appendices, utiles seulement à la chenille, ne correspondent à aucun des organes de l'insecte parfait, et ne sont pas comme les pattes écailleuses qui servent d'étuis à celles du papillon.

L'histoire de chaque espèce contiendra d'autres détails propres à chacune d'elles.

DICRANOURE DOUBLE POINTE.

DICRANURA BICUSPIS. (Pl. 2 , fig. 1.)

CETTE chenille ressemble beaucoup à celle de la *Furcula ;* il existe entre elles à peu près les mêmes différences qu'entre celles de la *Vinula* et de l'*Erminea.* Elle est d'un vert-jaunâtre pâle, avec un manteau d'un rouge - vineux, plus ou moins lavé de jaune dans le milieu, et liséré de cette dernière couleur sur ses bords. Ce manteau, qui s'étend sans interruption depuis la tête jusqu'à la queue, se rétrécit singulièrement sur la base pyramidale du troisième anneau, pour s'élargir ensuite en forme de losange ou d'ellipse sur les anneaux suivants, jusqu'au dixième, où il se rétrécit de nouveau, avant de couvrir les deux derniers. Ce qui distingue ce manteau de celui de la *Furcula* et de la *Verbasci,* c'est que, dans sa partie la plus large, il projette de chaque côté un appendice qui descend jusqu'au stigmate du septième anneau, et le couvre quelquefois. Les queues sont rouges à leur base, jaunes ensuite, et noires à l'extrémité. Les stigmates sont bruns.

18

La tête est d'un gris-violâtre, ainsi que les pattes écailleuses. Le ventre est de la couleur des flancs, avec une raie ferrugineuse sur les anneaux postérieurs. Les pattes membraneuses sont jaunâtres, et lavées d'un peu de roux sur leur côté externe.

Pour se métamorphoser, cette chenille se construit une coque semblable à celle de la *Furcula*, et donne son papillon aux mêmes époques. Elle vit de préférence sur le *hêtre* (*fagus sylvatica*), et n'habite guère que dans les grandes forêts. Elle a été trouvée plusieurs fois aux environs de Paris.

Nota. Godart a considéré la *Bicuspis* comme une variété de la *Furcula* ; mais il est reconnu aujourd'hui que ce sont deux espèces distinctes, qui diffèrent entre elles non-seulement sous forme de chenilles, mais à l'état parfait. A la vérité, ces différences sont légères, mais elles sont constantes ; et nous ne cesserons de le répéter, c'est la fixité qui fait seule l'importance des caractères distincts de chaque espèce, si peu nombreux et si peu tranchés qu'ils soient d'ailleurs.

DICRANOURE VINULE.

DICRANURA VINULA. (Pl. 1. fig. 1.)

Nocturnes. *God.* tom. IV. pag. 160. pl. XV. fig. 2 et 3.

CETTE chenille a la peau très-lisse et presque transparente. Elle est d'un beau vert-pomme, avec le dos couvert par une espèce de manteau en forme de losange, qui s'étend depuis la bosse pyramidale du troisième anneau, jusqu'à la queue. Ce manteau, bordé de blanc dans toute sa longueur, est tantôt d'un lilas plus ou moins foncé, qui se dégrade en s'éloignant des bords, et tantôt du même vert que le fond : dans l'un comme dans l'autre cas, il est strié de blanc. Le dessus des trois premiers anneaux est couvert par une tache triangulaire, de la même couleur que le manteau dont nous venons de parler, et dont elle peut être considérée comme une continuation.

La partie antérieure du premier anneau, dont la forme est carrée, est bordée de blanc exté-

17

rieurement, et de rouge-cramoisi intérieurement, avec une tache noire sur chacun de ses angles supérieurs.

La tête, que la chenille retire à volonté sous ce premier anneau, comme sous un capuchon, est d'un fauve-livide ou roussâtre, avec les côtés bruns, et les mandibules noires.

Les deux queues fistuleuses qui remplacent les pattes anales sont d'un vert bleuâtre, et hérissées antérieurement de petites épines noires. Les filets ou tentacules charnus qu'elles renferment, et dont nous avons indiqué l'usage dans les généralités, sont couleur de chair ou orangés. Dans l'intervalle qui sépare ces deux queues à leur base, c'est-à-dire au-dessus de l'anus, on aperçoit deux petites pointes noires.

Les stigmates sont blancs et cernés de noir. Le ventre est vert, avec deux raies violettes sur les trois derniers anneaux, et quelques points de la même couleur sur les autres.

Les pattes écailleuses sont vertes et entrecoupées de noir. Les membraneuses sont également vertes, avec deux lignes ou croissants noirs au-dessus de leur couronne.

Il y a quelquefois, à la base de la seconde paire de pattes membraneuses, une lunule pourpre, bordée de jaune par en haut. Godart a remarqué que cette lunule n'existait que chez les plus gros individus, ce qui porterait à croire qu'elle est le signe caractéristique des femelles.

Cette description ne s'applique qu'à la chenille parvenue à toute sa taille. En sortant de l'œuf, elle est entièrement d'un noir brun; après la première mue, son dos seul reste noir et les flancs sont jaunâtres; à la seconde mue, les côtés deviennent verts, et le milieu du dos s'éclaircit; enfin, à la troisième ou quatrième mue, elle prend sa dernière livrée, celle sous laquelle nous l'avons représentée.

Indépendamment de ce qu'elle change de couleur en grandissant, elle varie aussi de forme, car elle porte sur sa tête, au moment de sa naissance, deux espèces de cornes ou d'oreilles assez longues, qui, après s'être changées en deux tubercules surmontés d'un bouquet de poils, finissent par disparaître entièrement après la seconde mue.

Arrivée au moment de se métamorphoser, si elle est emprisonnée dans une boîte de bois, elle la ronge pour s'y creuser une espèce de cavité, qu'elle recouvre d'une voûte construite avec les rognures provenant de cette cavité, et qu'elle cimente au moyen d'une substance gommeuse dont la nature l'a abondamment pourvue. C'est ainsi qu'elle se forme une coque très-solide et très-dure, dans laquelle elle se transforme en une chrysalide courte, d'un brun-ferrugineux, avec l'extrémité postérieure obtuse et finement striée, et non garnie de petites pointes à l'anus, comme le dit Godart.

La chenille de la *Vinula* se trouve depuis le mois de juin jusqu'au commencement de septembre, et son papillon se montre depuis le 15 avril jusqu'à la fin de mai. On peut la nourrir en captivité avec toutes les espèces de saule et de peuplier; mais en liberté elle paraît donner la préférence à l'*osier* (*salix viminalis*).

Cette espèce est répandue dans toute l'Europe, et très-commune aux environs de Paris.

DICRANOURE HERMINE.

DICRANURA ERMINEA. (Pl. 1. fig. 2.)

Nocturnes. *God.* tom. iv. pag. 154. pl. xv. fig. 2.

La chenille de l'*Erminea* ayant la même taille, la même forme, et presque la même livrée que celle de la *Vinula*, nous nous dispenserons d'en donner une description détaillée, comme nous l'avons fait de cette dernière ; seulement nous ferons ressortir les différences qui existent entre elles. La figure que nous donnons de la première a été gravée sur un dessin fait d'après nature par M. le Paige ; on voit par cette figure que la chenille dont il s'agit diffère de celle de la *Vinula* par les caractères suivants :

1° La bande, en forme de manteau, qui s'étend depuis la tête jusqu'à la queue, n'est pas interrompue, chez elle, par la bosse pyramidale du troisième anneau , comme dans la *Vinula*, mais elle est continue ; seulement elle se rétrécit beaucoup dans cet endroit. Ensuite elle projette de chaque côté du corps un appendice qui re-

19

couvre le cinquième stigmate, et descend jusqu'à l'origine de la deuxième paire de pattes membraneuses. Cet appendice manque toujours dans la *Vinula*, où il est remplacé quelquefois par une tache séparée de la bande. Du reste, cette bande est bordée de blanc dans toute sa longueur, comme celle de la *Vinula*, mais elle est d'une teinte uniforme d'un brun-vineux, avec quelques petites stries blanches sur les anneaux intermédiaires ;

2° Le devant du premier anneau, qui forme une espèce de bourrelet carré qui encadre la tête, est de la même couleur que le manteau, ainsi que la tête, et n'est pas marqué latéralement de ces deux taches noires qui donnent une physionomie particulière à la *Vinula*;

3° Enfin, les trois derniers anneaux sont marqués en-dessous d'une bande brune, qui se prolonge en pointe jusqu'à l'anus, et qui n'existe pas dans la *Vinula*.

Il existe d'autres différences plus légères que nous passons sous silence, et qu'on apercevra facilement en comparant les deux figures.

Voici les renseignements que M. le Paige m'a transmis, avec son dessin, sur cette espèce :

« L'insecte parfait paraît vers le 24 mai, et la « femelle pond ses œufs immédiatement après « l'accouplement. Les petites chenilles qui en

« proviennent éclosent vers le 10 juin, et, au 20
« juillet, elles ont pris tout leur accroissement,
« et se changent en chrysalide. »

Ainsi l'*Erminea* ne diffère en rien sous ces
divers rapports de la *Vinula*; mais, ajoute M. le
Paige, « La chenille de la première vit de préfé-
« rence sur les trembles dans l'intérieur des fo-
« rêts, tandis que sa congénère se trouve bien
« plus souvent sur les peupliers isolés dans les
« campagnes, et les saules qui végètent sur les
« bords des ruisseaux. »

La manière de se chrysalider de l'*Erminea* est
la même que celle de la *Vinula*; cependant on
a remarqué que les chenilles de la première,
élevées en captivité, n'attachent pas leurs coques,
comme celles de la seconde, aux parois de la
boîte, mais bien aux branches mêmes du peuplier
dont on les a nourries. Du reste, ces coques sont
composées des mêmes substances dans les deux
espèces, et nous n'avons aperçu aucune différence entre leurs chrysalides; mais il en existe
une très-grade entre leurs œufs, dont nous n'a-
vons pas encore parlé. Ceux de la *Vinula* sont
entièrement bruns et hémisphériques, ceux de
l'*Erminea* sont lenticulaires et de deux couleurs,
c'est-à-dire d'un rouge-orangé en-dessus et d'un
beau vert en-dessous, avec le bord rouge seulement.

L'*Erminea* se trouve dans une grande partie de l'Europe, mais beaucoup moins communément que la *Vinula*. Cependant il paraît qu'elle n'est pas rare dans les environs de Darnay, où réside M. le Paige. M. Sudan en a trouvé plusieurs fois la chenille sur les bords du canal Saint-Denis, et j'ai rencontré une seule fois l'insecte parfait à la glacière de Gentilly, près de Paris.

DICRANOURE DE LA MOLÈNE.

DICRANURA VERBASCI. (Pl. 11. fig. 2. a. b.)

Nocturnes. *God.* tom. iv. pag. 170. pl. xvi. fig. 1.

CETTE chenille ressemble beaucoup à celle de la *Bicuspis*, quoique leurs papillons soient très-différents. Parvenue à toute sa taille, elle est d'un vert-tendre, avec le dos couvert par un manteau d'une couleur vineuse, bordé de jaune-pâle et marbré de cette dernière couleur dans le milieu. Ce manteau s'étend, sans interruption, depuis la tête jusqu'à l'anus. Après s'être rétréci beaucoup sur la bosse pyramidale du troisième anneau, il se dilate en une ellipse allongée sur les anneaux intermédiaires, pour se rétrécir encore sur le onzième. De chaque côté du corps, on voit deux taches ovales d'un brun-vineux, dont l'une est placée sur le cinquième anneau, et l'autre sur le dixième. Les stigmates sont noirs. La tête et les pattes écailleuses sont d'un brun-violâtre; le ventre et les pattes membraneuses sont de la couleur des flancs. Les queues sont d'un pourpre-violet, et entrecoupées de jaune à deux

20

endroits. Pour se métamorphoser, cette chenille construit une coque semblable à celle de la *Furcula*.

On la trouve dans les environs de Montpellier, sur les saules qui croissent au bord des ruisseaux , principalement sur les *salix helix, monandra* et *hippophaoïdes*. Elle paraît pour la première fois du 15 juin au 15 juillet, et pour la seconde du 15 août à la mi-septembre. Celles de la première époque donnent leurs papillons un mois après s'être mises en coque, et les autres ne le donnent qu'en mai ou juin de l'année suivante.

Nota. Avant qu'on connût cette chenille , on était fort embarrassé de savoir à quel genre rapporter son papillon. Fabricius en avait fait un *Cossus*, et MM. Latreille et Boisduval l'avaient mis parmi les écailles à côte de la *Mendica* et de la *Menthastri.* Cependant Godart, qui ne le connaissait que par un dessin que lui en avait envoyé M. Adrien de Villiers, de Montpellier, avait deviné sa véritable place, en le mettant dans son ouvrage immédiatement après la *Furcula*. Quant au nom de *Verbasci* donné par Fabricius à cette espèce , il faut convenir qu'il est bien impropre , puisque la chenille vit sur le saule. Cependant, comme l'usage l'a consacré , nous avons dû le conserver pour ne pas surcharger la nomenclature d'un nouveau nom. Toujours est-il que cette dénomination ridicule a retardé la connaissance de la chenille, qu'on chercherait encore sur la molène, si le hasard ne l'avait fait découvrir sur le saule.

ORTHORINE MUSEAU.

ORTHORINA PALPINA. Pl. 3. fig. 1.

Nocturnes. *God.* tom. iv. pag. 2o3. pl. 19. fig. 4.

Elle est plus elliptique que cylindrique, glabre et atténuée à ses deux extrémités. Son corps est d'un vert pâle, et marqué longitudinalement sur le dos de quatre lignes blanches, granuleuses, dont les deux intermédiaires plus prononcées. Elle a en outre de chaque côté du corps, au-dessus des stigmates qui sont à peine visibles, une raie jaune, qui s'étend depuis la tête jusqu'à l'anus, et qui est finement bordée de noir du côté supérieur, mais seulement sur les trois premiers anneaux. Cette raie jaune, bordée de noir, se continue sur les côtés de la tête, jusqu'aux mandibules. Le reste de la tête, les pattes et le ventre sont d'un vert-pré.

Cette chenille vit sur le *saule*, le *peuplier* et quelquefois aussi sur le *tilleul*. Elle a deux générations. Les individus de la première se trouvent en juin, et donnent leurs papillons au bout d'un mois ou six semaines. Ceux de la seconde paraissent en octobre, et ne deviennent insectes parfaits qu'à la fin d'avril ou au commencement de mai de l'année suivante.

La chrysalide est contenue dans une coque molle et blanchâtre; elle est conico-cylindrique, d'un brun-marron, avec la pointe de l'anus large et garnie de quatre petits crochets divergents.

L'Orthorine *Museau* paraît répandue dans une grande partie de l'Europe. Elle est très-commune en France.

DUPONCHEL.

au bout de six semaines d'éclosion; celles de la seconde passent l'hiver en chrysalide, et ne donnent leurs papillons qu'en mai ou juin de l'année suivante. Les œufs sont assez gros, verts et arrondis; les petites chenilles en sortent au bout de huit jours.

La chrysalide ne diffère de celle de l'*Euphorbiæ* que par une plus grande taille.

De Prunner, qui le premier a décrit cette espèce, lui a donné le nom de *Nicæa*, probablement parce qu'elle aura été trouvée d'abord dans les environs de Nice; mais elle se trouve aussi en Provence et en Languedoc. M. Daube de Montpellier nous a mandé à ce sujet, que le papillon n'était pas très-rare dans les environs de cette ville, mais qu'il n'en était pas de même de sa chenille, qu'on ne trouve communément qu'en s'élevant sur la pente méridionale des Cévennes, dans le voisinage des villes du Vigan, d'Alais, d'Anduze et d'Uzès. Ces renseignements s'accordent avec ceux que M. Germain nous a donnés de son côté. Mais la complaisance de ces messieurs à nous seconder dans cette occasion ne s'est pas bornée là : nous avons reçu du premier une chenille de *Nicæa* arrivée à toute sa taille, parfaitement soufflée, et le second nous en a envoyé plusieurs individus de différents âges, dans l'esprit-de-vin. C'est donc grâce à leurs secours que nous avons pu donner une description et une iconographie complètes de cette chenille assez mal figurée dans Hubner. Qu'il nous soit permis de leur en témoigner ici toute notre gratitude.

DUPONCHEL.

NOTODONTE DICTÆA.

***

NOTODONTA DICTÆA. Pl. 3. fig. 2.

***

Nocturnes. *God.* tom. iv. pag. 196. pl. 19. fig. 1.

ELLE est glabre, cylindrique, et allant un peu en grossissant depuis le cinquième anneau jusqu'au onzième, qui est relevé en bosse. Elle est verte sur les côtés et blanchâtre sur le dos, avec la bosse du onzième anneau marquée transversalement d'un croissant noirâtre, et une raie longitudinale jaune, placée immédiatement au-dessous des stigmates. Ceux-ci sont blancs et cernés de noir. La tête est d'un vert pâle ou blanchâtre. Les pattes écailleuses sont rougeâtres, et les membraneuses de la couleur du ventre, c'est-à-dire vertes, avec une tache violâtre au-dessus de leur couronne. Enfin, le chaperon ou clapet de l'anus est bordé d'une petite ligne rose ou rougeâtre.

Cette chenille vit sur le *peuplier*, le *saule*, l'*osier*, le *tremble*, le *bouleau*, mais principalement sur le premier arbre (1). On la trouve à deux

***

(1) La planche la représente sur le chéne; mais c'est une erreur de la part du peintre.

époques, en juin et à la fin de septembre. Celles de la première génération se métamorphosent dans une coque molle d'un gris jaunâtre, entre des feuilles, et donnent leurs papillons en juillet et août; celles de la seconde entrent dans la terre pour se chrysalider, et n'arrivent à l'état parfait qu'en avril ou mai de l'année suivante.

La chrysalide est conico-cylindrique, d'un brun-noir luisant, avec deux petites pointes divergentes à l'anus.

Cette espèce est commune dans toute l'Europe.

Duponchel.

DÉILÉPHILE NICÉA.

DEILEPHILA NICÆA. Pl. 9 , fig. 1. a-d.

Crépusculaires. *God.* tom. III. pag. 171. pl. XVII. *tert.* fig. 1.

AUTANT le Déiléphile *Nicæa* et son congénère *Euphorbiæ* se ressemblent à l'état parfait, autant ils diffèrent sous la forme de chenille. Celle du *Nicæa,* parvenue à l'âge adulte, est d'un blanc rosé ou d'un rose incarnat très-pâle, avec deux taches ocellées contiguës sur le dos des dix derniers anneaux : ces taches, dont le bord antérieur se cache en partie dans les incisions des anneaux, se composent, chacune, d'un point orangé, entouré d'un gros cercle noir. Elles sont remplacées, sur le premier anneau, par deux traits noirs en forme de 7; et sur le second, par deux portions de cercle qui n'entourent pas entièrement le point orangé. On voit en outre, sur les côtés, au-dessus des pattes, une rangée de taches orangées, arrondies, bordées en-dessus et en-dessous par deux arcs noirs, qui ne se joignent pas, et dont le supérieur porte les stigmates, qui sont blanchâtres. L'arc inférieur est précédé d'un point noir placé près de chaque incision. La tête est petite, globuleuse, d'un gris rosé, avec la bouche noire et deux traits de la même couleur, qui semblent être la continuation de ceux qu'on remarque sur le premier anneau. Les pattes écailleuses sont noires, ainsi que les membraneuses, dont l'extrémité seule est d'un blanc sale. Enfin la corne est rugueuse et d'un noir luisant.

Dans son jeune âge, c'est-à-dire avant sa quatrième mue, qui a lieu douze jours après sa sortie de l'œuf, cette chenille est verte comme celle de l'*Euphorbiæ*, avec des taches noires marquées de jaune pâle dans leur milieu; mais après la quatrième mue, elle prend une teinte vineuse, qui s'éclaircit à mesure qu'elle grossit, jusqu'à devenir d'un blanc-rosé, en même temps que les points jaunes deviennent orangés. Nous l'avons fait représenter à trois âges différents.

Cette chenille vit sur plusieurs espèces d'*euphorbes méridionales*, principalement sur l'*euphorbia characias* et sur celui à *feuilles de pin* (*euphorbia pinifolia*). On la trouve deux fois l'année, comme celle de l'*Euphorbiæ*, c'est-à-dire en juillet et en septembre. Les chenilles de la première époque deviennent insectes parfaits

NOTODONTE CHAMEAU.

NOTODONTA CAMELINA. Pl. 3. fig. 3.

Nocturnes. *God.* tom. iv. p. 192. pl. 18. fig. 4 et 5.

ELLE est d'un vert tendre qui devient presque
blanc sur le dos, et qui passe au vert - pomme
en se rapprochant du ventre. Elle est marquée
longitudinalement de trois lignes d'un vert-
bleuâtre , dont deux latérales et une au milieu qui couvre le vaisseau dorsal. Une raie
jaune, interrompue sur chaque anneau par un
trait pourpre, passe sur les stigmates, qui sont
noirs et cernés de blanc. La tête et le ventre
sont vert-pomme. Les pattes écailleuses et le
côté externe des membraneuses sont rougeâtres.
Mais ce qui caractérise principalement cette chenille et la distingue de toutes ses congénères, ce
sont deux petits tubercules roses qui surmon-
tent le onzième anneau. Ces deux tubercules
sont très-rapprochés, terminés en pointe mousse
et hérissés de poils noirs très-fins ; d'autres poils
semblables se trouvent disséminés sur les autres
parties du corps, et sont d'autant plus visibles

que la chenille est plus jeune. Une autre particularité qu'elle présente, c'est de tenir la partie antérieure de son corps renversée en arrière, dans l'état de repos, de manière qu'elle ne repose que sur les pattes membraneuses : c'est dans cette attitude qu'elle est représentée dans presque tous les ouvrages iconographiques. Cette chenille n'est pas toujours telle que nous venons de la décrire ; on en rencontre quelquefois dont la couleur du fond est d'un rose plus ou moins tendre, au lieu d'être verte, et cette nuance appartient surtout aux individus de la seconde génération, qu'on trouve au commencement de l'automne.

La chenille qui nous occupe vit sur la plupart des arbres forestiers, tels que le *chéne*, le *bouleau*, le *tremble*, le *tilleul*, l'*aune*, l'*orme*, etc. Elle entre en terre pour se métamorphoser en une chrysalide brune, obtuse, conico-cylindrique. Les individus qu'on trouve en juillet deviennent insectes parfaits en août. Ceux qu'on trouve en octobre passent l'hiver en chrysalide, et ne donnent leurs papillons qu'en mai ou juin de l'année suivante.

Le Notodonte *Chameau* est répandu dans une grande partie de l'Europe. Il est commun dans toute la France.

DUPONCHEL.

SMÉRINTHE DU CHÊNE.

SMERINTHUS QUERCUS. Pl. 10, fig. 1. a. b.

Crépusculaires. *God.* tom. III. pag. 181. pl. XVII. *tert.* fig. 3.

CETTE chenille est d'un vert très-clair, qui devient presque blanchâtre le long et sur le milieu du d... Elle est finement chagrinée de blanc, et marquée latéralement de sept raies obliques d'un vert plus foncé que le fond, et bordées de blanc en-dessous. Ces raies commencent à partir du troisième anneau, et la dernière va se réunir à la corne, qui est rugueuse et un peu jaunâtre, avec son extrémité noirâtre. Les deux premiers anneaux, qui manquent de raies obliques, sont marqués latéralement d'une ligne blanche longitudinale, à peine indiquée. Les stigmates sont oblongs, blancs et cérnés de rose. La tête est épaisse, triangulaire, mais à angles très-obtus, surtout le supérieur. Elle est chagrinée, d'un vert plus foncé que le corps, et bordée de chaque côté par une ligne rose, bordée elle-même d'une ligne blanche intérieurement. Le chaperon de l'anus est aussi d'un vert plus foncé que le reste du corps. Les

f. 12

pattes écailleuses sont roses, et les membraneuses vertes, avec leur extrémité jaunâtre.

La chenille du Smérinthe *Quercus* n'est pas rare en Languedoc et en Provence, où elle vit exclusivement sur le *chêne vert* (*quercus ilex*); mais il paraît, d'après les renseignements qui nous ont été donnés, qu'elle est très-difficile à élever, et souvent piquée de l'ichneumon. En Autriche et en Hongrie, où on la trouve également, bien qu'il n'y existe pas de chênes verts, elle vit sur le chêne ordinaire. On la trouve depuis la fin de juillet jusqu'en septembre. Elle se transforme dans la terre ou sous la mousse, sans former de coque, passe l'hiver en chrysalide, et donne son papillon en mai de l'année suivante.

La chrysalide est d'un brun-marron foncé, finement chagrinée, peu allongée, avec les yeux et les antennes très en relief, deux gros mamelons à l'extrémité anale, et une pointe terminale obtuse.

C'est à M. Boyer de Fonscolombe, souvent cité dans cet ouvrage, que nous sommes redevable d'avoir pu décrire et figurer cette chenille, qu'il nous a envoyée avec la chrysalide dans l'esprit-de-vin, en y joignant une description qui a servi à faire la nôtre. Qu'il nous soit permis de lui en faire ici nos remercîments.

DUPONCHEL.

NOTODONTE ZIGZAG.

NOTODONTA ZICZAC. Pl. 4. fig. 1.

Nocturnes. *God.* tom. IV. pag. 182. pl. 17. fig. 3 et 4.

CETTE chenille, comme toutes celles du même groupe, a une forme bizarre, et ne s'appuie que sur ses pattes intermédiaires quand elle est au repos, en tenant la partie postérieure de son corps relevée, en même temps qu'elle renverse sa tête en arrière. La figure que nous en donnons ne la représente pas précisément dans cette attitude, mais bien au moment où elle se dispose à marcher. Elle est entièrement glabre. La partie antérieure de son corps va en s'amincissant jusqu'à la tête qui déborde un peu le premier anneau, et dont la forme est ovalaire, avec la partie supérieure un peu échancrée. Les cinquième, sixième et septième anneaux sont surmontés chacun d'une bosse plus ou moins aiguë, dont la pointe est légèremnut courbée en arrière. Les onzième et douzième anneaux se confondent pour former une pyramide, dont le sommet s'incline un peu en avant. La couleur de cette chenille est tantôt d'un gris-cendré-blanchâtre, tan-

14

tôt d'un gris-violâtre ou rosé, quelquefois d'un noir olivâtre, mais le plus souvent feuille morte, avec les trois derniers anneaux d'un jaune ferrugineux. Dans tous les cas, elle est marquée latéralement de trois raies plus claires que le fond, dont l'inférieure est placée sur les stigmates. Ceux-ci sont noirs, avec leur centre blanc. On remarque un trait longitudinal blanchâtre sur la partie extérieure de chacune des deux avant-dernières pattes membraneuses. Le dessous du corps participe de la couleur du dessus. Les pattes écailleuses sont rouges. La tête est un peu plus claire que le reste du corps, et finement pointillée de brun dans le milieu et sur les bords.

Cette chenille vit sur les différentes espèces de peupliers et de saules. Pour se métamorphoser, elle se file entre les feuilles une coque d'un tissu léger, de couleur grisâtre. La chrysalide est d'un noir-brun, un peu luisant, obtuse et terminée à l'anus par de petits crochets.

Cette espèce, qui paraît répandue dans toute l'Europe, a deux générations par an : les chenilles que l'on trouve en juin proviennent de papillons éclos en avril ou en mai, et qui ont passé l'hiver en chrysalide ; celles qui paraissent depuis septembre jusqu'à la fin d'octobre proviennent de papillons éclos dans le courant de l'été. DUPONC.

NOTODONTE DICTÆOIDE.

NOTODONTA DICTÆOIDES. Pl. 4. fig. 2.

Nocturnes. *God.* tom. iv. pag. 199. pl. 19. fig. 2.

CETTE chenille a absolument la même forme que celle de la Not. *Dictæa;* mais sa couleur est très-différente : elle est entièrement d'un brun-noirâtre ou vineux luisant, avec un croissant noirâtre sur la bosse du 11e anneau, et une raie longitudinale jaune qui s'étend depuis la tête jusqu'au clapet de l'anus : cette raie est placée immédiatement au-dessous des stigmates qui sont noirs et cernés de blanc. La tête et toutes les pattes sont de la couleur du reste du corps, ainsi que le dessous du ventre.

Elle vit sur l'*aune* et le *bouleau* exclusivement, et se trouve aux mêmes époques que celle de la *Dictæa*, c'est-à-dire en juin et septembre; elle se métamorphose aussi de la même manière; mais elle est beaucoup plus rare, du moins aux environs de Paris.   DUPONCHEL.

Nota. Nous avons cru devoir faire représenter de nouveau sur la même planche, la chenille de la *Dictæa*, attendu que la première figure que nous en avons donnée est très-incorrecte, et qu'elle a été placée sur une branche de chêne, arbre sur lequel cette chenille n'a jamais été trouvée.

GLUPHISIE CRÉNELÉE.

GLUPHISIA CRENATA. Pl. v. fig. 1. a-c.

Nocturnes. *God.* tom. iv. pag. 214. pl. 20. fig. 4.

OCHSENHEIMER et GODART ont donné une description très-inexacte de cette chenille, qui n'est pas figurée dans Hubner. M. Berce, membre de la Société entomologique de France, l'ayant élevée depuis sa sortie de l'œuf jusqu'à l'état parfait, a pu l'observer dans les différentes phases de sa vie, et m'a communiqué avec beaucoup de complaisance les observations qu'il a faites à son sujet , et dont voici le résumé :

Une femelle trouvée par lui dans la forêt de Bondy, le 24 mai 1838, lui pondit environ cinquante œufs : ils étaient jaunâtres, hémisphériques, d'un millimètre de diamètre ; les petites chenilles en sont sorties pendant les premiers jours de juin : elles avaient à peine alors deux millimètres de longueur; leur tête était très-grosse, et leur couleur blanchâtre. Le 5 du même mois, elles subirent une première mue , sans changement de couleur. Le 10 , deuxième mue , cinq millimètres de longueur ; leur cou-

leur est devenue vert pâle, et la bande dorsale
a commencé à paraître. Le 17, troisième mue; la
couleur était verte avec la bande dorsale plus
foncée et bordée latéralement d'une raie jaune;
deux points noirs sur la tête; douze millimètres
de longueur (fig. a). Le 28, quatrième mue; pas
de différence sensible dans le dessin, ni dans la
couleur; seulement la bande dorsale est mieux
arrêtée; vingt-deux millimètres de longueur.
Deux jours après ce quatrième et dernier changement de peau, on commença à apercevoir sur
chaque anneau, excepté sur les premier, quatrième et cinquième, une tache ferrugineuse en
forme de cœur, qui prit une teinte de carmin
très-vif le troisième jour (fig. b et c).

M. Berce nourrit ces chenilles avec du peuplier noir ou blanc indifféremment, et presque
toutes parvinrent à l'âge adulte. Avant de se
chrysalider, les unes se renfermèrent dans une
feuille repliée sur elle-même, de manière à former une espèce de boîte fermée hermétiquement par des fils de soie; les autres se formèrent
à la surface de la terre une coque lâche composée de soie et de grains de terre. De toutes ces
chenilles deux seulement donnèrent leur papillon la même année, savoir : l'une, renfermée
dans une feuille, le 29 juillet; l'autre contenue
dans une coque, le 3 août. Les autres passèrent

l'hiver en chrysalide; mais seulement celles qui avaient formé leur coque à la superficie de la terre parvinrent à l'état parfait, et leur éclosion eut lieu dans le courant de mai. Les chrysalides des autres furent trouvées desséchées comme les feuilles qui les contenaient, et aplaties par la compression que celles-ci avaient opérée sur elles en se desséchant; d'où il est permis de conclure que la nature ne les avait pas destinées à passer l'hiver, et qu'elles seraient toutes écloses dans le courant de l'été, comme celle qui a donné son papillon le 29 juillet, si les feuilles qui les enveloppaient avaient pu être maintenues vertes et flexibles jusqu'au moment de leur éclosion, comme le sont celles qui tiennent à l'arbre. Quoi qu'il en soit de cette conjecture, il faut que les chenilles de l'espèce en question qui parviennent à l'état parfait dans le courant de l'été, soient bien peu mombreuses relativement à celles qui passent l'hiver en chrysalide, puisque son papillon n'a jamais été trouvé, du moins à ma connaissance, que dans le mois de mai. Au reste, cette espèce est assez rare partout. La meilleure localité pour la trouver aux environs de Paris, est l'entrée de la forêt de Bondy, sur les bords du canal qui la traverse.

DUPONCHEL.

NOTODONTE PLUMET.

NOTODONTA PLUMIGERA. Pl. v. fig. 2. a, b.

Nocturnes. *God.* tom. iv. pag. 205. pl. 19. fig. 5 et 6.

ELLE est presque cylindrique, lisse, avec la tête grosse et arrondie, et l'avant-dernier anneau légèrement relevé en bosse. Elle est d'un vert clair, un peu jaunâtre, avec une bande dorsale d'un vert plus foncé, tirant un peu sur le bleuâtre, et bordée des deux côtés par une ligne blanche. Cette bande est en outre coupée transversalement par trois petits traits blancs sur les deux derniers anneaux. On remarque de plus deux lignes blanches très-fines et très-rapprochées, qui longent les deux côtés du corps au-dessus des stigmates qui sont à peine visibles. La tête est d'un vert luisant. Les pattes et le ventre sont d'un vert clair comme le reste du corps.

Nous avons élevé cette chenille d'œufs qui nous ont été envoyés de Suisse par M. Couleru, souvent cité dans notre ouvrage. Elle ne nous a offert aucune variété, et sa livrée reste la même pendant toute sa vie; seulement la bande dorsale devient plus foncée à mesure qu'elle grandit:

elle change quatre fois de peau. Elle éclôt dans le courant d'avril, et entre dans la terre en juillet pour se chrysalider. Le papillon éclôt en octobre ou novembre de la même année. La chrysalide est courte, conico-cylindrique, avec une pointe anale. Sa couleur est marron foncé.

Godart dit que cette chenille vit sur l'*érable commun* (*acer campestris*), le *saule marceau* (*salix caprea*), et quelquefois aussi sur le *bouleau blanc* (*betulus alba*). Celles que nous avons élevées n'ont voulu manger que de l'érable.

La notodonte *Plumigera* est aussi commune en Suisse qu'elle est rare en France, où on ne la trouve que dans les départements du Haut et du Bas-Rhin, suivant Godart.

DUPONCHEL.

HARPYIE DU HÊTRE.

HARPYIA FAGI. Pl. vi. fig. 1-4.

Nocturnes. *God.* tom. iv. pag. 173. pl. xv. fig. 1.

De toutes les chenilles de nos pays, celle - ci est sans contredit la plus bizarre. Avant ses premières mues, on la prendrait, au premier coup d'œil, pour une fourmi; un peu plus âgée, elle a quelque ressemblance avec certaines araignées; enfin, quand elle a acquis toute sa taille, elle a une forme si singulière que les personnes étrangères à l'entomologie ne pourraient se persuader voir une véritable chenille.

Quand elle sort de l'œuf, elle est d'un brun rougeâtre foncé, puis elle se nuance de jaune-terreux pâle; enfin, après sa troisième mue, elle devient entièrement de cette dernière couleur, et la garde jusqu'à sa transformation.

Elle est allongée, et paraît un peu chagrinée à la loupe. La tête est grosse, saillante, subtriangulaire, aplatie antérieurement, roussâtre, marquée de deux lignes brunes. Les trois premiers anneaux sont de forme ordinaire, mais les suivants sont munis chacun de deux éminences pyramidales armées d'une pointe au sommet.

16

Ces éminences vont en décroissant jusqu'au 10e anneau, qui en est dépourvu, et elles sont marquées d'une ligne rose et noirâtre qui se continue obliquement sur les côtés. Les 11e et 12e anneaux sont élargis, renflés en-dessus, évidés en-dessous, bordés de points noirs, et l'extrémité est pourvue de deux filets qui remplacent la paire de fausses pattes anales. Ces filets sont d'un rouge-brun extérieurement et d'un bleu d'acier intérieurement. Sur le vaisseau dorsal est une ligne géminée, plus visible sur les premiers anneaux. La ligne stigmatale est noire, et vient aboutir à la dernière paire de fausses pattes. Au-dessus se voient les stigmates qui sont d'un gris sale et cerclés de noir. Les 4e et 5e anneaux sont marqués latéralement, chacun, d'une grosse tache noire, qui est parfois cachée dans les plis de la peau, quand la chenille est en mouvement. Le ventre est un peu saupoudré de noirâtre, et les fausses pattes sont longues, avec la partie extérieure salie de brun.

Mais ce qui fait la plus grande singularité de cette chenille, ce sont les pattes écailleuses. La première paire a les deux premiers articles beaucoup plus longs que chez toutes les autres chenilles, mais, dans les deux paires suivantes, cette longueur est démesurée et n'a pas moins de huit à dix lignes. Au moindre contact la chenille renverse sa partie antérieure, et deploie ses longues pattes auxquelles elle imprime un léger frémissement; en même temps elle rapproche ses anneaux postérieurs au point qu'ils touchent presque sa tête, et écarte les filets dont ils sont munis; c'est alors qu'elle a un aspect des plus extraordinaires et quasi horrible à voir.

Elle se trouve en août et septembre sur le *hêtre*, le *chêne*, le *bouleau*, et quelques autres arbres. Parvenue à toute sa taille, elle file à la surface de la terre une coque de soie molle, et s'y change en une chrysalide courte, grosse, d'un brun-noir et très-luisante.

L'insecte parfait éclôt en mai et juin de l'année suivante. Il n'est pas commun dans le centre de la France, mais il est abondant dans le nord.

A. GUENÉE.

Nota. C'est à M. Bagriot, amateur zélé qui s'occupe avec beaucoup de succès de l'éducation des chenilles, que nous devons d'avoir pu représenter *ad vivum* celle de l'*Harpyia fagi* qu'il est très-difficile de trouver, et d'en donner une figure plus exacte que toutes celles que l'on en a faites jusqu'à présent. Une femelle de cette espèce lui ayant pondu une vingtaine d'œufs, il a eu le bonheur d'amener à bien presque toutes les chenilles provenues de cette ponte, en les nourrissant avec du *bouleau*. Sorties de l'œuf vers le milieu de juin, elles acquirent successivement toute leur taille

pendant le mois d'août à la fin duquel toutes étaient chry-
salidées, chacune dans une coque d'un tissu mince et serré
placée entre deux feuilles, telle que le peintre l'a représentée.   DUPONCHEL.

ÉCAILLE PUDIQUE.

CHELONIA PUDICA. (Pl. 1 , fig. 1. a. b.)

Nocturnes. *God.* tom. iv. pag. 313. pl. xxxii. fig. 1. 2.

Elle est d'un gris - cendré légèrement rosé, avec trois raies plus claires, dont une dorsale et deux latérales. La première est rougeâtre. Les deux autres sont d'un blanc-jaunâtre, et passent au-dessus des stigmates, qui sont à peine visibles à l'œil nu. On compte sur chaque anneau dix tubercules d'un noir luisant et cernés de blanchâtre, dont quatre placés carrément sur le dos, et trois sur une seule ligne de chaque côté du corps. Deux des quatre tubercules dorsaux sont ovales ; les autres, comme ceux des côtés, sont ronds. Chacun d'eux est surmonté d'un astérisque de poils courts et roides, d'un roux plus ou moins clair, parmi lesquels il s'en trouve quelques - uns de noirs. La tête est d'un brunrougeâtre luisant, avec le pourtour des calottes d'un noir-brun. Les pattes écailleuses sont noires, et les membraneuses d'un gris rosé, avec les crochets noirs. Enfin, le dessous du ventre est d'un cendré-bleuâtre.

Cette chenille est loin d'être polyphage comme la plupart de ses congénères ; elle ne vit que de graminées, et particulièrement de celles du genre *Brize* ; cependant on peut la nourrir en captivité avec le *poa annua*, qui croît partout, et même dans les villes le long des murs. Elle éclôt à la fin de l'été, et passe l'hiver cachée sous les pierres ; mais comme elle n'habite que les contrées méridionales, sa léthargie ne dure pas long-temps, car dès le mois de février elle sort de sa retraite pour se remettre à manger. Cependant sa croissance est très-lente, et ce n'est qu'à la fin de mai qu'elle cherche un abri pour filer sa coque, qui est un composé assez grossier de fils de soie, de poils et de molécules de terre. Cette coque faite, on pourrait croire qu'elle s'y transforme en chrysalide quelques jours après ; mais ce n'est qu'au bout de six semaines, c'est-à-dire vers le milieu de juillet, que cette transformation a lieu, tandis que le papillon ne met pas plus de quinze à vingt jours à se développer.

C'est ici le cas de parler d'une particularité qu'offre cette espèce, et qui a été observée pour la première fois par M. le capitaine de Villiers, qui en a fait l'objet d'une notice insérée dans les Annales de la Société entomologique de France.

(tom. 1er, pag. 203, pl. 6, fig. 9, a, b.) Nous ne pouvons mieux faire que de la transcrire ici pour les personnes qui ne possèdent pas ces Annales.

« En chassant aux lépidoptères dans le midi
« de la France, dit M. de Villiers, je m'étais
« aperçu que dans les belles soirées d'été, si
« communes aux environs de Montpellier,
« l'*Écaille pudique* faisait, en volant autour de
« moi, entendre un petit bruit que je ne peux
« mieux comparer qu'à celui d'un métier de fa-
« bricant de bas. Ce bruit était même si fort que,
« guidé par lui, j'ai souvent pris cette belle
« Écaille au vol et sans l'apercevoir. Étonné de
« cette singularité, unique peut-être dans le mé-
« canisme du vol des lépidoptères, j'ai cherché à
« découvrir quelle pouvait en être la cause, et
« je l'ai enfin trouvée.

« L'Écaille *Pudique* a de chaque côté de la
« poitrine, à la naissance des ailes inférieures,
« un espace profondément sillonné et creux,
« tapissé par une pellicule blanche et très-dure,
« et recouvert hermétiquement par une autre
« petite peau épaisse, luisante, bombée et bor-
« dée de poils, dont la partie la plus large est
« située vers l'endroit où le corps se joint à l'ab-
« domen. Cette peau, qui m'a paru pareille à
« celle qui compose les timbales des cigales, ne

« tient au corps qu'à la naissance de l'aile infé-
« rieure ; et lorsque l'insecte vole , étant mise en
« jeu par les muscles qui font agir cette aile ,
« elle presse fortement l'air renfermé dans la ca-
« vité , et produit le bruit dont j'ai parlé. Cette
« singulière propriété est commune aux deux
« sexes ; seulement comme , dans cette espèce ,
« ainsi que dans tous ses congénères, le mâle
« vole beaucoup plus que la femelle , j'ai été plus
« à portée d'observer celui-ci que l'autre ; mais
« tous les individus femelles que j'ai disséqués ,
« m'ont offert le même appareil, seulement plus
« petit. »

L'Écaille *Pudique* est peut-être la plus commune de son genre dans le midi de la France :
je me rappelle que dans un voyage que je fis à
Marseille, en 1822, je ne pouvais retourner une
pierre sur la route de cette ville à Cassis, sans
trouver une ou deux chenilles de cette espèce
roulées sur elles-mêmes. C'était à la fin de février ; et comme l'hiver avait été très-doux, elles
étaient déja parvenues presqu'à toute leur taille.
Depuis, je l'ai trouvée en non moins grande quantité dans les environs de Nice. Cette espèce paraît
répandue sur tout le littoral de la Méditerranée.

ÉCAILLE FASCIÉE.

CHELONIA FASCIATA. (Pl. 1, fig. 2.)

Nocturnes. *God*. tom. iv. pag. 310. pl. xxxi. fig. 3. 4.

Elle a le fond du corps noir, avec des tubercules bleuâtres surmontés de fascicules de poils qui sont d'un gris de souris sur le dos, et d'un roux foncé sur les côtés. La tête est d'un noir luisant, avec les mandibules ferrugineuses. Les pattes écailleuses sont également d'un noir luisant, et les membraneuses incarnates, avec les crochets bruns. Les stigmates sont blanchâtres et peu apparents.

Cette chenille, comme toutes celles du même genre, vit sur les plantes les plus éloignées, puisqu'on la trouve sur le *lilas commun* (*syringa vulgaris*), suivant M. Adrien de Villiers, et sur *l'euphorbe à feuille d'olivier* (*euphorbia oleæfolia*) et autres plantes basses, suivant M. Germain.

Elle se métamorphose de la même manière que celle de la *Caja*, et à peu près à la même époque. Sa chrysalide est d'un noir - brun luisant, avec le bord des stigmates de l'abdomen rougeâtre, et la pointe anale garnie d'épines noires.

Cette espèce n'habite que les départements les plus méridionaux de la France, principalement les environs de Montpellier. Cependant elle a été trouvée à ma connaissance dans le département de la Lozère, quoique plus au nord. Elle est beaucoup moins commune que la *Pudica*.

ÉCAILLE HÉBÉ.

CHELONIA HEBE. (Pl. 11, fig. 1.)

Nocturnes. *God*. tom. iv. pag. 306. pl. xxxi. fig. 1. 2.

ELLE est d'un noir velouté, avec des tubercules de la même couleur, de chacun desquels
partent de longs fascicules de poils soyeux : ces
poils sont d'un gris - cendré sur le dos, d'un
jaune-soufre sur les côtés, et d'un roux foncé
près du ventre. Les stigmates sont à peine distincts. La tête et les pattes sont d'un noir-brun.

Cette chenille, comme la plupart de ses congénères, s'accommode de presque toutes sortes
de plantes; cependant on la trouve le plus ordinairement sur la *mille-feuille (achillæa millefo-
lium)*, le *seneçon (senecio vulgaris)*, le *tithymale
à feuilles de cyprès (euphorbia cyparissias)*,
l'*onoporde (onopordium acanthium)*, et sur le
mouron des oiseaux (stellaria media). En captivité, on peut la nourrir avec toute espèce de salade; mais pour l'élever avec succès, il faut la
renfermer dans une boîte spacieuse bien exposée
au soleil, et dont le fond soit garni de mousse;

27

il faut surtout en mettre très-peu ensemble, car elles se nuisent réciproquement ; et néanmoins, malgré tous ces soins, il arrive souvent qu'elle meure de moisissure au moment de se transformer. Il faut bien prendre garde de la déranger lorsqu'elle file, car la moindre contrariété lui fait abandonner son travail, et alors elle languit et finit par périr sans se chrysalider.

Elle passe l'hiver cachée sous la mousse, et n'arrive à toute sa taille qu'à la fin d'avril. Sa métamorphose a lieu dans les premiers jours de mai, dans une coque blanche, assez molle, et néanmoins d'un tissu assez serré. Sa chrysalide est entièrement noire. L'insecte parfait en sort ordinairement au bout de trois semaines.

L'Écaille *Hébé* se trouve dans une grande partie de l'Europe méridionale et tempérée. Les meilleures localités pour trouver sa chenille aux environs de Paris, sont les sablonnières qui se trouvent des deux côtés de la route de Saint-Cloud, passé le village du Point-du-Jour, et à l'entrée de la porte du bois de Boulogne, dite des Princes.

ÉCAILLE MARTRE.

CHELONIA CAJA. (Pl. 11, fig. 2.)

Nocturnes. *God.* tom. iv. pag. 3oo. pl. xxx. fig. 1-3.

ELLE est d'un noir très-intense, avec des fascicules de poils serrés et soyeux, dont la couleur
est d'un roux vif sur les trois premiers anneaux
et sur les côtés, et d'un beau noir, avec leur extrémité grise, sur le reste du corps. Les poils
roux sont implantés sur des tubercules d'un
gris-bleuâtre, les autres sur des tubercules d'un
brun-noirâtre. Les stigmates sont très-visibles et
d'un blanc éclatant, ce qui fait reconnaître cette
espèce au premier coup d'œil. La tête est d'un
noir luisant. Le ventre et les pattes sont d'un
brun-noirâtre.

Cette chenille vit sur presque toutes les plantes
basses, et au besoin sur les arbres et les arbustes.
En captivité, on peut la nourrir avec toutes espèces de salade, et principalement avec la laitue; mais on a remarqué que, dans ce cas, son
papillon a les couleurs moins vives que lorsqu'on la nourrit avec des plantes moins aqueuses.
Quant à la variété à ailes inférieures noires, que

28

les Allemands obtiennent, dit-on, en forçant la chenille à ne manger que des feuilles de noyer, c'est une expérience que je n'ai jamais tentée, mais qui n'a réussi à aucun amateur de ma connaissance. Cependant, ce qui prouve combien cette chenille est peu difficile sur sa nourriture, c'est qu'en ayant oublié une dans un cornet de papier contenu dans une boîte, elle s'en est nourrie à défaut de plante, ainsi que j'en ai eu la preuve par ses excréments, et a subi toutes ses métamorphoses. A la vérité il en est résulté un papillon très-chétif, mais dont les couleurs étaient très-vives.

De toutes les chenilles d'Écailles, celle-ci est la seule, à ma connaissance, qui paraisse deux fois, savoir : en avril et en juillet. Celles de la première époque ont passé l'hiver cachées dans la mousse, et proviennent d'œufs pondus par les papillons éclos en août ; celles de la seconde époque naissent de papillons éclos en mai.

La chrysalide est cylindrico-conique, d'un noir luisant, avec les incisions d'un brun-jaunâtre ; l'anus bilobé et garni de petites pointes ferrugineuses. Elle est contenue dans une coque molle d'un tissu serré, d'un gris-brun, et entremêlé des poils de la chenille. L'insecte parfait en sort au bout de dix-huit à vingt jours.

L'Écaille *Caja* est commune dans toute l'Europe.

ÉCAILLE FERMIÈRE.

CHELONIA VILLICA. (Pl. ii. fig. 3.)

Nocturnes. *God.* tom. iv. pag. 336. pl. xxxv. fig. 1.

Elle est noire , avec des tubercules d'une nuance un peu plus claire, surmontés de fascicules de poils moins longs que ceux de la *Caja* ou de l'*Hébé*. Ces poils sont quelquefois d'un gris-blond, mais ordinairement d'un brun-roussâtre. La tête est d'un rouge-brun, avec une tache noire cordiforme au milieu. Les pattes sont de la couleur de la tête, le ventre noir, et les stigmates d'un blanc-jaunâtre et cernés de noir.

Cette chenille passe l'hiver cachée sous la mousse ou sous quelque plante basse, et n'arrive à toute sa taille qu'au printemps suivant, après avoir subi depuis sa naissance six à sept mues, dont la dernière lui est souvent fatale. Elle vit sur l'*orme*, l'*ortie*, le *mouron*, la *mille-feuille*, mais le plus communément sur les plantes potagères, et surtout les *épinards* (*spinaca oleracéa*). En captivité, on la nourrit facilement avec l'*ortie blanche* (*lamium album*); mais elle

29

est souvent piquée par l'ichneumon à coton blanc de Geoffroy, et par la mouche des larves. Sa métamorphose a lieu dans la première quinzaine de mai. Elle se file une coque d'un tissu lâche, grisâtre, et entremêlé de ses poils , qu'elle place sous quelque plante basse ou quelque pierre, ou dans une crevasse au pied d'un mur.

La chrysalide est d'un brun-noir, avec les incisions légèrement ferrugineuses, et les anneaux garnis de fascicules de poils roux. Le papillon en sort au bout de vingt-cinq à trente jours.

L'Écaille *Villica* se trouve dans toute l'Europe, mais moins communément que la *Caja*. Dans les individus qui proviennent du Midi, les taches blanches des ailes supérieures sont plus fortement teintées de jaune.

ÉCAILLE POURPRÉE.

CHELONIA PURPUREA. (Pl. 3 , fig. 2. a, b.)

Nocturnes. *God.* tom. iv. pag. 339. pl. xxxv. fig. 2. 3.

CETTE chenille est noire, avec des tubercules grisâtres et piquetés de brun, surmontés d'aigrettes de poils médiocrement longs , tantôt jaunes par tout le corps, tantôt roussâtres sur le dos, et gris sur les côtés. Ces poils ne se terminent pas en pointes fines , mais sont d'égale grosseur dans toute leur longueur, et semblent avoir été coupés à leur extrémité avec des ciseaux. Elle est en outre marquée latéralement de trois lignes blanches, maculaires et longitudinales, dont les deux extérieures sont teintées de rougeâtre. Les stigmates sont d'un blanc pur et cernés de noir. La tête est d'un noir luisant. Le ventre est tantôt jaunâtre et tantôt d'un gris - blanchâtre , avec les pattes écailleuses noires , et les membraneuses de la couleur du ventre, et marquées de ferrugineux au milieu.

Elle passe l'hiver engourdie sous la mousse
35

ou sous les plantes basses, comme la plupart de ses analogues, et sort de sa léthargie dans les premiers jours d'avril. Elle continue de croître jusqu'à la fin de juin, époque à laquelle elle se file une coque blanche d'un tissu léger, soutenue par de nombreux fils au milieu des broussailles, et s'y change en une chrysalide d'un brun foncé, garnie de petits faisceaux de poils roux, dont un à l'anus et les autres sur les anneaux.

L'insecte parfait éclôt au bout de trois semaines.

Cette chenille est extrêmement vive et court avec la plus grande vitesse. Elle se tient ordinairement cachée sous les feuilles sèches, ou sous les pierres au bas des plantes dont elle se nourrit, ce qui la rend difficile à trouver, quoiqu'elle soit très-commune certaines années, principalement dans les champs de groseilliers. Elle est presque polyphage, c'est-à-dire qu'elle se nourrit de toutes les plantes qui se trouvent à sa portée, soit herbacées, soit ligneuses. En captivité on la nourrit facilement avec l'*orme*, le *groseillier à maquereau*, le *lamium album*, le *mouron des oiseaux*, le *genét à balai* et la *sauge des prés*.

Godart recommande de garnir de canevas très-forts les boîtes qui renferment celles qu'on élève, attendu qu'elles coupent facilement la gaze pour recouvrer leur liberté. Cette précaution est surtout nécessaire, lorsqu'elles sont sur le point de se transformer.

L'Écaille *Pourprée* se trouve dans presque toute l'Europe, et n'est pas rare dans les environs de Chartres et de Châteaudun.

Les meilleures localités pour la trouver aux environs de Paris, sont, d'une part, le abords du pré Saint-Gervais et du bois de Romainville, et, de l'autre, les deux côtés de la route qui conduit des Moulineaux à Meudon, ainsi que les pentes méridionales du mont Valérien.

ÉCAILLE CIVIQUE.

CHELONIA CIVICA. Pl. iv. fig. 1. a. b.

Nocturnes. *God.* tom. iv. pag. 328. pl. 34. fig. 3.

GODART a donné de cette chenille une description qui joint l'exactitude à la brièveté. Noûs ne pouvons mieux faire que de la transcrire : elle a, dit-il, le fond du corps et les pattes membraneuses d'un noir obscur, la tête et les pattes écailleuses d'un noir luisant, les stigmates d'un blanc sale. Les côtés de son ventre et les quatre anneaux antérieurs de son dos sont garnis d'aigrettes de poils ferrugineux ou d'un roux foncé; les huit autres anneaux ont des poils noirs, longs, un peu roides et inclinés en arrière.

Elle est polyphage, comme la plupart de ses congénères. Cependant, dans l'état de liberté, elle paraît préférer les plantes du genre *Luzula*, qui appartient à la famille des Joncées. En captivité, on la nourrit facilement avec la chicorée sauvage (*cichorium intybus*). Elle passe l'hiver engourdie sous la mousse, sort de sa retraite dès le mois de mars, pour continuer de croître et de manger jusqu'à la mi-avril, époque à laquelle

17

elle se file un tissu blanchâtre pour subir sa méta-morphose. Ce tissu assez lâche est placé dans la mousse ou sous les feuilles de quelques plantes basses.

La chrysalide est noire, plus allongée que celle de la *Caja*, avec l'anus terminé par une pointe à l'extrémité de laquelle sont des crochets très-courts. L'insecte parfait éclôt dans le courant de juin.

La *Chelonia Civica* habite l'Italie, l'Espagne et la France, et paraît étrangère à l'Allemagne où elle est remplacée par l'*Aulica*. Il y a des années où on la trouve assez souvent dans les environs de Paris, surtout au bois de Boulogne, à l'entrée des allées qui partent du rond Mortemart. Mais pour l'avoir en bon état, il faut élever la chenille et cher-cher celle - ci sous les pierres dès le mois de fé-vrier, comme le recommande Godart, car plus tard elle se cache dans les parties fourrées des bois, et l'on a bien de la peine alors à la ren-contrer.

DUPONCHEL.

L'ÉCAILLE DU PLANTAIN.

CHELONIA PLANTAGINIS. Pl. iv. fig. 2. a. b.

Nocturnes. *God.* tom. iv. pag. 320. pl. 33. fig. 2-4.

Le fond de cette chenille est d'un brun obscur, avec les 4, 5, 6, 7, 8 et 9e anneaux couverts de poils roux ou ferrugineux; ceux des autres anneaux sont noirâtres et les tubercules blanchâtres. La tête et les pattes écailleuses sont d'un noir luisant. Le ventre et les pattes membraneuses sont brunâtres. Cette description ne s'applique qu'à la chenille parvenue à toute sa taille, telle qu'elle est représentée, car, dans son jeune âge, les poils des extrémités de son corps sont gris ou d'un brun clair, et ceux du milieu jaunâtres; mais à chaque mue (elle en subit cinq ou six) ces poils se rembrunissent; les premiers deviennent plus noirs et les autres roux.

Cette chenille vit sur le plantain des montagnes (*plantago montana*), et sur celui à feuilles de gramen (*plant. graminifolia*); cependant à défaut de ces deux plantes, qui sont sa nourriture

17

fa/orite, on peut, en captivité, la nourrir avec le plantain à grandes feuilles (*plantago major*) la lychinde dioïque et même avec de la laitue. Parvenue à toute sa taille dès le commencement de mai, elle ne tarde pas à s'envelopper d'un tissu blanc revêtu de mousse, et où elle se transforme en une chrysalide d'un noir luisant. L'insecte parfait en sort dans le courant de juin.

L'écaille du Plantain n'habite que les contrées froides et les pays de montagnes. Elle est commune en Savoie et dans notre département du Nord. J'en possède un individu pris par moi dans un petit bois marécageux près du sommet de la Lozère. Jamais je ne l'ai rencontrée aux environs de Paris.

DUPONCHEL.

ENDROMIDE VERSICOLORE.

ENDROMIS VERSICOLORA. Pl. i. fig. 1 et 2.

Nocturnes. *God.* tom. iv. pag. 149. pl. xiv. fig. 1. 2.

CETTE chenille est cylindrique, amincie dans sa partie antérieure, avec une très-petite tête de forme lenticulaire, et une bosse pyramidale sur le onzième anneau. Son port ressemble beaucoup à celui des chenilles de *Smérinthes* dans l'état de repos. Elle est d'un vert-blanchâtre sur le dos, et d'un beau vert - pomme pointillé de noir et de ferrugineux sur les flancs et sous le ventre. Une ligne dorsale verte, interrompue par les jointures, règne depuis le deuxième anneau jusqu'à l'extrémité de la pointe pyramidale du onzième, où elle se termine par un petit trait noir. Chaque anneau, à l'exception du premier et du dernier, est marqué latéralement d'une raie oblique, blanche, et bordée de vert foncé des deux côtés; ce qui fait par conséquent dix raies obliques de chaque côté du corps. Ces raies sont dirigées en sens contraire de celles qu'on remarque sur les chenilles de *Sphyngides*, c'est-à-dire de bas en haut vers la tête. Celle-ci est de la couleur du corps, et marquée dans sa longueur de quatre lignes blanches qui se prolongent sur le premier anneau. Les pattes écailleuses sont d'un vert-jaunâtre, avec quelques points noirs ; les membraneuses sont vertes et ponctuées de noir, avec une raie blanche latérale, descendant jusqu'à la couronne qui est rougeâtre ; les stigmates sont blancs, ovales, et finement bordés de noir ; enfin le clapet anal est bordé de jaunâtre.

Cette chenille, suivant Ochsenheimer, vit sur le *bouleau blanc* (*betula alba*), l'*aune* (*betula alnus*), le *coudrier* (*corylus avellana*), le *charme* (*carpinus betulus*), et enfin le *tilleul* (*tilia europœa*) ; mais, dans les environs de Paris, on ne l'a jamais trouvée, à ma connaissance, que sur le premier de ces arbres. Elle parvient à toute sa taille à la fin de juillet. A cette époque, elle ne tarde pas à descendre de l'arbre pour filer à la surface de la terre une légère coque de soie brune, dans le tissu de laquelle elle fait entrer des brins de mousse ou des débris de feuilles sèches.

La chrysalide est chagrinée, d'un brun-noirâtre, avec les stigmates roussâtres. Sa partie antérieure est arrondie , et la postérieure est terminée, comme chez plusieurs Sphinx, par une pointe conique, large et recourbée.

L'insecte parfait éclôt à la fin de mars ou au commencement d'avril de l'année suivante , et même en février si l'on a élevé sa chenille ; mais cette éducation est très-difficile et réussit rarement.

Cette espèce est répandue dans beaucoup de contrées de l'Europe , mais plutôt en remontant vers le nord que vers le midi. Ses habitudes sont les mêmes que celles de l'*Aglia Tau*. Les meilleures localités pour la trouver aux environs de Paris sont, comme le dit Godart, Meudon , Verrière , Saint-Germain et Bondi.

Duponchel.

AGLIA TAU.

AGLIA TAU. Pl. i. fig. 1-3.

Nocturnes. *God.* tom. 1er. pag. 73. pl. vi. fig. 1-3.

CETTE belle chenille est fort différente, suivant qu'elle est jeune ou adulte, et c'est, je crois, e seul exemple, chez les espèces européennes, l'une chenille épineuse dans sa jeunesse qui devienne nue en grossissant. Nous allons la décrire successivement à ses différents âges.

Jeune, elle est atténuée à ses extrémités, d'un vert-jaunâtre, avec la stigmatale bien distincte, l'un jaune clair. Les trois premiers anneaux sont marqués de quatre lignes longitudinales, continues, et les suivants, jusqu'au onzième, chacun le deux traits obliques du même jaune. Le premier anneau, qui est bordé extérieurement de la même couleur, porte deux longues épines dirigées en avant et hérissées de petites pointes; la base de ces épines est jaune, la tige d'un rouge clair et le sommet d'un ferrugineux foncé. Le troisième anneau présente deux épines semblables, mais plus longues, implantées sur la région dorsale, et dirigées en arrière ; enfin le onzième en offre une plantée verticalement sur le vaisseau dorsal, et de la même longueur que celle du cou. La base de toutes ces épines est environnée de jaune. Le clapet anal est terminé par une pointe rougeâtre : la tête et les pattes sont vertes.

Parvenue à un âge adulte, cette chenille change complétement de forme. Elle est alors courte et ramassée dans l'état de repos ; ses anneaux sont très-renflés sur le dos, et séparés par des incisions profondes ; le troisième est très-élevé, bifide, et tous les autres, jusqu'au onzième inclusivement, sont également divisés par une espèce de sillon longitudinal, où l'on aperçoit la vasculaire plus foncée que le reste du dos. Tout le corps est d'un beau vert, et parsemé de points saillants jaunâtres, qui le font paraître chagriné. La stigmatale est très-distincte, nettement arrêtée, saillante, jaune, et elle se continue sur le cou et sur le clapet anal, de sorte qu'elle fait complétement le tour de la chenille, qu'elle divise pour ainsi dire en deux parties. A partir du troisième anneau jusqu'au onzième, on aperçoit une série de traits obliques, du même blanc-jaunâtre que la stigmatale. Les stigmates, situés au-dessus de cette dernière, sont très-visibles et d'un rouge orangé. La tête est globuleuse, hispide , verte, avec deux taches rousses près des mandibules. Les vraies pattes sont vertes, avec les crochets rouges ; les fausses sont grosses, saillantes, et de la couleur du ventre, sur lequel les points sont plus petits et moins élevés que sur le dos.

Elle vit principalement sur le *hêtre* (*fagus sylvatica*), ainsi que sur le *charme* (*carpinus betulus*) et le *chêne* (*quercus robur*). On la trouve vers le commencement de juin ; mais elle est encore très-jeune, et elle ne parvient à toute sa taille que vers le milieu ou même la fin de juillet. A cette époque, elle se retire à la surface de la terre, entre des mousses et des débris de végétaux qu'elle attache avec de la soie, et elle s'y change en une chrysalide grosse, courte, d'un brun foncé saupoudré de grisâtre, et dont l'anus est terminé par un faisceau de pointes recourbées.

Le papillon éclôt dès la fin de mars ou dans le courant d'avril de l'année suivante. Quoiqu'il soit commun dans certaines forêts, on a souvent quelque peine à trouver sa chenille. Ce n'est guère cependant qu'en élevant cette dernière qu'on peut se procurer des femelles, qui ne volent pas comme les mâles en plein jour, mais qui se tiennent toujours cachées au pied des arbres. Quant aux mâles, ils se montrent en si grand nombre par un beau soleil, qu'on parvient toujours à en saisir quelques-uns, malgré la rapidité de leur vol.

A. Guenée.

LITHOSIE APLATIE.

LITHOSIA COMPLANA. Pl. 1. fig. 1-3.

Nocturnes. *God.* tom. v. pag. 16. pl. 41. fig. 5.

ELLE est atténuée aux deux extrémités, d'un noir terne ou brunâtre, avec des verrues plus ternes encore, d'où partent des aigrettes de poils d'un gris-roussâtre. Ces verrues sont au nombre de huit sur chaque anneau. Sur le vaisseau dorsal (*) est une ligne noire, continue et d'égale largeur. De chaque côté de cette ligne on voit,

(*) Il est certains dessins qui se reproduisent sur la presque totalité des chenilles, et qui, une fois connus, rendent l'étude de celles-ci beaucoup plus simple et plus facile, en permettant de les rapporter toutes, pour ainsi dire, à un même type. Ces dessins, quoique bien familiers à tous ceux qui s'occupent de cette partie de l'Entomologie, n'ont point encore reçu de noms, et on est obligé, pour les désigner, d'avoir recours à des phrases entières qui embrouillent les descriptions et ralentissent leur marche, tandis qu'un seul mot, dont on conviendrait une fois pour toutes, en augmenterait la clarté et la concision. On nous pardonnera donc d'introduire à ce sujet quelques mots nouveaux dans le vocabulaire entomologique. Nous nous référons à cette note,

à partir du quatrième anneau, une série de taches ovales d'un orangé pâle, avec la partie antérieure blanche ou blanchâtre, et devant chacune de ces taches, dans l'incision, un point

---

pour l'explication de tous les termes que nous emploierons
dans nos descriptions.

Sur le milieu du dos de la chenille, se voit une ligne unique, plus ou moins large, qui suit le cours du vaisseau dorsal : nous l'appelons ligne *vasculaire*. Sur les côtés, un peu
au-dessus des pattes et à la hauteur des stigmates, est une
autre ligne qui se répète de chaque côté : nous la nommons
ligne *stigmatale*. Il est si rare que ces deux sortes de lignes
manquent dans une chenille, que leur absence est pour
nous un caractère, dont nous ne manquons jamais de parler.
A peu près à égale distance, entre les lignes *vasculaire* et
stigmatales, on en voit de chaque côté une autre qui manque plus souvent, mais qui existe cependant dans la plupart des chenilles. C'est pour nous la ligne *sous-dorsale*.

Entre les lignes *vasculaire* et *sous-dorsales* se trouvent
presque constamment, sur chaque anneau, quatre points
plans ou saillants, et dont chacun donne naissance à un ou
plusieurs poils plus ou moins visibles. Ces points sont disposés ainsi : sur les 2e et 3e anneaux en ligne transverse un
peu arquée (. · · .), et ils s'alignent alors avec d'autres points
latéraux; sur tous les anneaux suivants, jusqu'au 11e, en tra-
pèze régulier (.··.); et sur le 11e en carré ou en rectangle
(::). Nous nommons ces points *trapézoïdaux*, à cause de la
disposition qu'ils affectent sur la majeure partie des anneaux.
Au-dessous de la ligne sous-dorsale, on voit d'ordinaire
deux autres points dont l'un au-dessus, l'autre en arrière
du stigmate, et enfin sous la ligne *stigmatale*, on en retrouve
deux autres disposés obliquement; mais ces points, quoique
étant presque toujours de même nature que les trapézoïdaux,

beaucoup plus petit, irrégulier, blanc. Sur les trois premiers anneaux, les taches sont remplacées par un point semblable. A la hauteur des stigmates, qui sont peu visibles, est une ligne fine, étroite, d'un orangé pâle, mais presque toujours très-maculaire, et le plus souvent réduite à de simples points interrompus par les incisions et par les verrues latérales. Il arrive même quelquefois que cette ligne manque complétement. Le ventre est d'un gris-noirâtre sale, ainsi que les pattes. La tête est d'un noir-bronzé brillant.

Cette chenille se trouve communément, dès le mois de mars, sur les lichens qui croissent sur les écorces des arbres. On l'élève assez facilement; mais sa croissance est très-lente, malgré

---

manquent bien plus souvent, et nous ne leur donnerons pas le dénomination particulière.

Toute la région située entre les deux sous-dorsales s'appelle pour nous *région dorsale*, et communique son nom aux dessins qui y sont situés. De là jusqu'à la ligne *stigmatale*, c'est la région *latérale;* après quoi vient la région *ventrale*, qui offre rarement des caractères propres.

Nous finissons en prévenant que nos descriptions portent toujours principalement sur les anneaux intermédiaires de la chenille; les trois premiers et le douzième n'offrant pas l'ordinaire la même disposition de dessins. Nous croyons également inutile de rappeler que nous ne mentionnons jamais qu'un des côtés de la chenille, l'autre étant toujours absolument semblable.

A. GUENÉE.

la précaution qu'on prend d'humecter matin et soir les petites branches garnies de lichens, avec lesquels on la nourrit. Cette précaution est du reste indispensable et équivaut à l'effet des rosées qui, dans la nature, ramollissent ces lichens et les rendent susceptibles d'être broyés par les chenilles qui s'en nourrissent. Nous la recommandons pour toutes les larves lichénivores, qui sans cela dépériraient promptement.

Parvenue à toute sa taille vers le milieu de juin, la chenille de *Complana* se fabrique, à la surface de la terre, entre les fentes des écorces ou parmi la mousse, une coque légère entremêlée de poils, et elle s'y change en une chrysalide cylindrico-conique, d'un rouge-brun luisant, avec l'extrémité postérieure obtuse et un rang latéral de petites éminences qui supportent les stigmates.

L'insecte parfait éclôt au bout de quinze jours ou trois semaines ; il est commun dans toute l'Europe.

A. GUENÉE.

LITHOSIE BLANCHATRE.

LITHOSIA CANIOLA. Pl. 1, fig. 4-5.

Suppl. aux Nocturnes. *Dup.* tom. iii. pag. 22. pl. 2. fig. 1.

Cette chenille n'a encore été décrite ni figurée dans aucun auteur, du moins à notre connaissance.

Quoique constamment différente de *Complana,* elle en est si voisine, que la meilleure description que nous puissions en donner, est d'indiquer les différences spécifiques qui l'en séparent.

Elle est un peu plus grosse.

La couleur du fond est le gris terreux, et non le noir.

La ligne vasculaire est un peu élargie sur le milieu de chaque anneau. Au lieu de la série de taches ovales, on voit ici une *ligne* d'un orangé pâle, étranglée dans les incisions, et un peu bordée de noirâtre extérieurement.

La ligne stigmatale est mieux marquée, du même ton que la sous-dorsale; elle est presque toujours continue.

Le reste est comme dans *Complana,* mais,

44   f. 11.

outre les différences que nous avons signalées, elle a un *facies* qui ne permet pas de la confondre avec celle-ci, quand on a quelque habitude d'étudier les chenilles.

Elle vit également sur les lichens; mais elle préfère ceux des toits, bien qu'elle ne refuse point, en captivité, ceux qui croissent sur les arbres. On la trouve aussi dès le mois de mars, mais elle est alors bien plus avancée dans son accroissement que celle de *Complana*; en effet, dès le milieu de mai, elle se change en chrysalide.

Celle-ci est à peu près de la même couleur que celle de *Complana*, mais elle est un peu moins ramassée. En outre, les anneaux de l'abdomen, vus à la loupe, paraissent semés de très-petits points enfoncés, tandis que nous n'avons pu en découvrir aucune trace sur la chrysalide de *Complana*, qui est très-unie et très-luisante.

Le papillon éclôt aussi plus tôt. Il se développe dès la mi-juin. Il est commun dans le midi de la France, et plus rare dans le centre. Cependant la chenille dont nous donnons la figure a été trouvée par nous près de Chartres (Eure-et-Loir).

A. GUENÉE.

LITHOSIE LIVIDE.

LITHOSIA LURIDEOLA. Pl. 1 , fig. 6-7.

Suppl. aux Nocturnes. *Dup.* tom. iii. pag. 15. pl. 1. fig. 4.

CETTE chenille, découverte depuis près de vingt ans par M. Zincken-Sommer, et signalée dans ces derniers temps à l'attention des naturalistes français par M. Boisduval, sous le nom de *Complanula*, diffère autant de celle de *Complana* que le papillon se rapproche de celui que produit cette dernière.

Elle a à peu près le port et la taille de *Complana*, mais elle est un peu moins atténuée aux extrémités. Elle est d'un beau noir velouté, avec les verrues pilifères à peine plus ternes. Les poils auxquels ces verrues donnent naissance sont d'un gris-roussâtre, et un peu moins fournis que chez *Complana*. La ligne vasculaire est d'un noir profond ; mais elle se détache à peine de la couleur du fond, vu l'intensité de cette dernière. Il n'y a aucune ligne sous-dorsale. Du troisième anneau au douzième, on voit une bande stigmatale large, d'un orangé vif, devenant d'un jaune-

45   f. 11.

blanchâtre dans les incisions, où elle porte un petit point noir. Le ventre est d'un gris-brunâtre sale, et la tête est d'un noir-bronzé brillant, comme dans *Complana*.

On la trouve en avril et mai sur les lichens des arbres, surtout sur ceux des chênes. Elle n'est pas plus difficile à élever, en captivité, que celle de *Complana*, quand on en prend les soins convenables.

Elle se métamorphose au commencement de juin, dans une coque molle, à la surface de la terre, comme ses analogues.

Le papillon éclôt à la fin de juin. Sans être rare, il est beaucoup moins commun que *Complana*, ainsi que la chenille. Il paraît habiter une grande partie de l'Europe.

A. GUENÉE.

Nota. C'est à tort que j'ai appelé cette espèce *Complanula* d'après M. Boisduval, dans mon Supplément aux Nocturnes; car MM. Sommer et Kincken l'avaient fait connaître dès 1827, sous le nom de *Lurideola*, dans un ouvrage intitulé : *Allgemeine Literaturzeitung.*

DUPONCHEL.

LITHOSIE QUADRILLE.

LITHOSIA QUADRA. Pl. 2 , fig. 1.

Nocturnes. *God.* tom. v. pag. 13. pl. 41. fig. 2.

C'EST la plus grande du genre. Elle est allongée, d'un jaune-soufre, quelquefois blanchâtre, fortement striée et marbrée de noir. Elle offre sur chaque anneau huit verrues, d'un gris-noir sur les côtés et sur le dos des 11e et 12e anneaux, d'un rouge orangé sur la région dorsale des autres anneaux, mais dont les deux antérieures sont beaucoup plus petites et exigent une certaine attention pour être distinguées. Ces verrues donnent naissance à des poils gris et noirs, soyeux, recourbés, longs, mais médiocrement touffus, surtout sur le dos.

Les stries noires, en s'accumulant vers la région sous-dorsale, découpent une large bande ondulée de la couleur du fond, sur laquelle elles se réunissent de nouveau, quoique moins serrées, pour former une large ligne vasculaire, renflée au milieu de chaque anneau, et deux autres lignes plus étroites, ondulées, interrompues par les verrues dorsales. En outre, un empâte-

46

f. 11.

ment noir interrompt la bande soufrée sur le 7ᵉ anneau, et les 1ᵉʳ, 2ᵉ, 3ᵉ, 11ᵉ et 12ᵉ sont salis de cette couleur en tout ou en partie. Le ventre est noirâtre, maculé de jaune. Les vraies pattes sont roussâtres ; les fausses sont longues , d'un gris clair. La tête est noire. Les stigmates sont également noirs, placés entre les deux verrues latérales , et le plus souvent placés sur une tache de la même couleur.

Cette chenille vit en mai et juin sur les *chênes* et autres arbres, dont elle mange les lichens, et non les feuilles, comme quelques auteurs l'ont prétendu ; du moins les essais que nous avons faits pour vérifier cette habitude, qui serait en opposition avec celles de toutes les autres *Lithosia*, ont-ils toujours été infructueux. Les chenilles se laissaient mourir à côté des feuilles les plus tendres et le plus souvent renouvelées.

Au commencement de juillet , elle file, entre les feuilles ou dans les fissures des écorces, une coque légère, grise, entremêlée de poils, et elle s'y change en une chrysalide cylindrico-conique d'un brun noirâtre.

Le papillon éclôt au bout d'une quinzaine de jours. Il habite les parcs, et surtout les grands bois. C'est en battant les jeunes pousses de chêne couvertes de lichens, qu'on peut se procurer la chenille en certaine quantité. A. GUENÉE.

NUDARIE GRIS DE SOURIS.

NUDARIA MURINA. Pl. 2 , fig. 2-3.

Nocturnes. *God*. tom. iv. pag. 399. pl. 40. fig. 8.

ELLE a la peau fine et transparente. Chacun de ses anneaux est chargé de huit verrues disposées transversalement, et sur lesquelles sont implantés des poils très-longs, soyeux et recourbés, d'un blond clair. Cette couleur est aussi celle du corps ; mais toute la région dorsale est teintée de gris-noirâtre ou verdâtre, qui prend plus ou moins d'intensité, selon que le canal alimentaire est plein ou vide. Sur cette couleur se détachent, à partir du troisième anneau, deux séries dorsales de taches assez grandes, sub-ovalaires, d'un jaune d'ocre clair, placées derrière les verrues dorsales et légèrement entourées de noirâtre. Toutes les pattes sont de la couleur du fond. La tête est d'un roux très-clair.

Elle vit sur les lichens des pierres. De toutes les chenilles lichénivores, c'est peut-être celle qui croît le plus lentement ; en effet, arrivée en avril à plus de la moitié de sa taille, elle n'atteint l'âge de sa transformation que vers la fin de juin ou le commencement de juillet.

A cette époque, elle se forme contre les parois des murs une coque ovale, très-légère, entremêlée de poils qui hérissent sa surface, la dépassent notablement, et, se courbant de chaque côté, viennent se réunir par le sommet sur la partie supérieure.

La chrysalide qui y est renfermée est assez grosse, bombée sur le dos, un peu déprimée latéralement, d'un jaune-roussâtre, avec une ligne obscure sur le dos des anneaux.

L'insecte parfait éclôt au bout de trois semaines. Les écailles de ses ailes sont fort peu adhérentes et disparaissent presque entièrement quand l'insecte a volé, ce qui lui donne un aspect luisant; tandis que, dans l'état de fraîcheur, elles sont aussi mates que celles des autres lithosides analogues.

A. GUENÉE.

AMPHIPYRE SPECTRE.

AMPHIPYRA SPECTRUM. Pl. 1 , fig. a-c.

Nocturnes. *God.* tom. v. pag. 105. pl. 54 . fig. 3.

CETTE belle chenille a près de deux pouces et demi de long, lorsqu'elle est parvenue à toute sa taille. Elle est glabre, cylindrique, allongée, et atténuée à ses deux extrémités. Le fond de sa couleur est vert dans son jeune âge; mais elle devient d'un beau jaune en grandissant. Cette couleur tranche vivement avec quatre raies noires longitudinales, qui s'étendent sur le dos, depuis le deuxième anneau jusqu'au onzième. L'intervalle jaune qui existe entre les deux raies du milieu est légèrement teinté de verdâtre, et une fois plus large que celui qui les sépare des deux autres. Celles-ci sont suivies d'une ligne bleuâtre, bordée inférieurement de plusieurs petites taches en forme de caractères orientaux. Vient ensuite un grand espace jaune, sur lequel sont placés les stigmates, qui sont noirs, et accompagnés chacun d'un point de la même couleur. Cet espace jaune est limité inférieurement par

36

une bande bleuâtre, qui s'étend jusqu'à l'extrémité des pattes, et qui est ornée d'un dessin noir très-joli. Ce dessin consiste en une suite de cercles, dont le milieu est occupé par un point. On en compte un sur chacun des trois premiers anneaux suivants, et deux réunis obliquement sur le dixième et le onzième. Tous ces cercles sont enchaînés les uns aux autres par deux lignes continues qui passent d'un anneau sur l'autre. Le premier anneau est jaune, marqué de huit points noirs, qui sont une continuation des quatre raies dorsales dont nous avons parlé plus haut. Le dernier anneau est bleuâtre, et marqué également de huit points noirs. La tête est aussi bleuâtre, et marquée d'un grand nombre de points noirs, dont six antérieurs beaucoup plus gros. Toutes les pattes sont pareillement bleuâtres et ponctuées de noir. Enfin le ventre est d'un blanc-bleuâtre sans points ni taches.

Cette chenille vit sur plusieurs espéces de genêts, propres aux contrées méridionales de l'Europe, principalement sur le *genét d'Espagne* (*genista juncea*). Je l'ai trouvée moi-même abondamment sur cette plante dans les environs de Toulon, et j'ai remarqué qu'elle se tenait à l'extrémité des branches, au milieu des fleurs, qu'elle mangeait de préférence aux feuilles, qui d'ailleurs sont très-petites et très-espacées sur la plante dont il s'agit. C'était à la fin de mai, et à cette époque elle était déjà parvenue presque à toute sa taille. J'en pris plusieurs; mais comme j'étais au moment de mon départ, je n'eus pas le temps de les élever, et fus obligé de les abandonner, à l'exception d'une seule qui se mit en coque, mais dans laquelle elle s'est desséchée avant de se changer en chrysalide; de sorte que je ne puis rien dire de la forme de celle-ci, ni du temps que le papillon met à se développer, du moins d'après mes propres observations; car, suivant M. Thiébault de Berneaud, qui a publié une notice sur cette même chenille, dans les Annales de la Société linnéenne de Paris (t. 2, p. 244), ce développement s'opérerait au bout de dix-huit jours. Quant à la chrysalide, M. Thiébault n'en dit rien; mais il donne une description très-détaillée du cocon, qui est de couleur soufre, dit-il, et dont la forme ressemble beaucoup, suivant lui, à celle du Bombyx de la *Ronce.* Cependant celui que nous avons obtenu, et dont nous donnons la figure, est plutôt gris que jaune, et se rapproche plus, pour la forme , de celui du *Lasiocampa potatoria* que de toute autre.

Cette espèce n'habite que les contrées méridionales de l'Europe. Elle est très-commune en Toscane, ainsi que dans le midi de la France.

L'insecte parfait a les mêmes habitudes que la *Mania maura ;* il se tient pendant le jour dans les grottes, sous les ponts, et dans tous les endroits frais et obscurs.

Nota. Devillers est le seul auteur à ma connaissance qui ait donné une figure de cette chenille, assez grossièrement faite, mais néanmoins reconnaissable. M. Thiébault de Berneaud devait en donner une à l'appui de sa notice ; mais elle n'a pas paru.

TRIPHÈNE PRONUBA.

TRIPHÆNA PRONUBA. Pl. 1. fig. 1.

Nocturnes. *God.* tom. v. pag. 151. pl. 58. fig. 1-4.

ELLE est glabre, assez grosse, tantôt d'un vert-jaunâtre, comme dans la figure, tantôt d'un vert obscur à reflet cuivreux, avec deux raies noires maculaires le long du dos, à partir du quatrième anneau. Le premier segment offre en outre une demi-lune noirâtre, qui se distingue mieux chez les individus de couleur verte. Les stigmates sont blancs et cernés de noir. La tête est d'un testacé obscur, avec deux traits longitudinaux plus foncés. Les pattes écailleuses sont d'un fauve clair. Les membraneuses et le ventre sont verdâtres.

Cette chenille vit sur une foule de plantes basses, mais principalement sur la *primevère officinale* (*primula officinalis*), et les différentes espèces de *seneçon*. Elle se cache pendant le jour et ne mange que la nuit. Sa transformation en chrysalide a lieu dans la terre, dans le courant

38

d'avril, et le papillon éclôt au bout de six semaines, c'est-à-dire vers le commencement de juin. On le trouve partout, principalement au pied des arbres, dans les bois et sur les routes. La chrysalide est cylindrico-conique, d'un rouge-brun clair, avec deux épines droites à l'anus.

Cette espèce est commune dans toute l'Europe; on la rencontre à l'état parfait, depuis le commencement de juin jusqu'au milieu d'août.

TRIPHÈNE FRANGE.

TRIPHÆNA FIMBRIA. Pl. 1., fig. 2. a. b.

Nocturnes. *God.* tom. v. pag. 163. pl. 60. fig. 1 et 2.

ELLE est de la même taille et a la même forme que celle de la *T. Pronuba.* Elle est d'un brun plus ou moins terreux, parsemé d'atomes plus foncés, avec une raie dorsale d'un gris-jaunâtre, et, sur chaque anneau, à partir du quatrième, un chevron de la même couleur, bordé de noirâtre, du côté supérieur, dont la pointe, très-obtuse sur les dixième et onzième anneaux, se dirige vers l'anus. Les stigmates sont blancs et cernés de noir. On voit, sur le premier anneau, un écusson testacé, marqué longitudinalement de trois raies jaunâtres, et sur le dernier une tache carrée, plus colorée que le fond, et bordée de jaunâtre. Les pattes écailleuses sont d'un fauve pâle. La tête est de la même couleur, avec un léger réseau brunâtre, et quatre traits bruns longitudinaux. Les pattes membraneuses sont de la couleur du ventre, qui est un peu plus clair que le reste du corps.

37

Cette chenille vit dans les bois et les parcs, sur une foule de plantes basses, mais principalement sur le *pissenlit* (*leontodon tarxaacum*), la *mâche* (*valerianella locusta*) et la *primevère officinale* (*primula officinalis.*)Elle se tient cachée pendant le jour, sous les feuilles sèches, les pierres, ou la plante même dont elle se nourrit, et ne sort de sa retraite que la nuit pour manger. Elle éclôt à l'arrière-saison, passe l'hiver, et n'arrive ordinairement à toute sa taille qu'à la fin de mars ou au commencement d'avril, après avoir changé quatre fois de peau. Elle entre peu profondément en terre pour se métamorphoser.

Sa chrysalide est cylindrico - conique , d'un brun - rouge foncé, luisant, avec le dessus des anneaux un peu plus obscur et légèrement chagriné. Son anus se termine par deux épines courbes.

L'insecte parfait éclôt en juin, juillet et août, et se trouve çà et là dans les bois et les parcs. Cette espèce habite le centre et le midi de l'Europe. Elle n'est pas commune dans les environs de Paris, quoi qu'en dise Godart; elle l'est plus dans le midi de la France.

MANIA MAURE.

MANIA MAURA. Pl. 3, fig. 1. a-c.

Nocturnes. *God.* tom. v. pag. 108. pl. 54. fig. 1 et 2.

ELLE est rase, épaisse, un peu atténuée antérieurement, et au contraire renflée postérieurement jusqu'au onzième anneau, qui se termine
sur le dos par une arête saillante.

Elle est d'un gris-brun vineux, quelquefois
verdâtre, velouté. Sur le vaisseau dorsal est une
ligne d'un blanc-jaunâtre, visible seulement sur
les premiers anneaux, où elle est renflée par
places, et figure surtout trois ou quatre taches.
Elle est à peu près nulle sur les autres anneaux;
seulement, elle y est environnée d'une ombre
large qui forme tantôt une sorte de bande, tantôt des chevrons ou même des losanges ; mais
tout cela est assez confus. De cette ombre partent, sur le milieu de chaque anneau, des traits
obliques blanchâtres plus ou moins bordés de
noir. Ces traits croisent une ligne sous-dorsale

16

blanchâtre, peu marquée. La ligne stigmatale est également très-fine, sinuée, interrompue, fondue inférieurement avec la couleur du ventre, et tout l'espace qui est entre elle et la sous-dorsale est plus obscur que le fond. Les stigmates sont d'un orangé vif bordé de noir. La saillie du onzième anneau est bornée par une ligne inégale, noire, éclairée extérieurement de blanchâtre. La tête est d'un gris-blond. Le cou est marqué de deux taches blanchâtres.

On trouve cette chenille en avril et mai dans les lieux humides, au bord des petits ruisseaux, des moulins et des ponts. Elle vit sur une infinité d'arbres, d'arbrisseaux et de plantes basses. Parmi les premiers, l'aune, le saule, le peuplier, la ronce ; parmi les dernières, les *rumex*, les *alsines*, sont ce qu'elle affectionne le plus. Pendant le jour, elle se cache entre les feuilles ou sous les mousses, et n'en sort que la nuit pour manger. On la trouve, dit-on, assez facilement en examinant, le soir, à l'aide d'une lanterne, les feuilles qu'on a trouvées pendant le jour fraîchement rongées. Pour nous, nous l'avons toujours prise en cherchant sous les plantes basses ou en battant les arbres.

Vers le milieu de juin elle se file, à la surface de la terre, une grande coque peu consistante, mais assez serrée et très-mélangée de terre et de mousse.

La chrysalide a quelque ressemblance avec celle des *Catocala*, auprès desquelles plusieurs auteurs ont placé, mais à tort, l'insecte parfait. Elle est d'un brun foncé, recouverte d'une efflorescence blanchâtre. Sa partie postérieure est terminée par deux petites pointes conniventes à leur extrémité.

Le papillon éclôt depuis le mois de juillet jusqu'en septembre. Il affectionne les mêmes localités que la chenille.

A. GUÉNÉE.

MANIA TYPIQUE.

MANIA TYPICA. Pl. 3, fig. 2. a. b.

Nocturnes. *God.* tom. VI. pag. 269. pl. 40. fig. 1.

ELLE a une certaine affinité avec les chenilles des *Triphæna*, et en particulier avec celle d'*Orbona*. Mais elle ressemble encore davantage à la *Maura*, dont elle a tout à fait le port et les mœurs. C'est donc avec raison qu'Ochsenheimer les avait réunies dans son genre *Mormo* ; et nous ne saurions partager l'avis de M. Treitschke qui, dans son Supplément, a transporté celle dont il est ici question dans le genre *Amphipyra*. Le classement du genre *Mania* auprès des *Catocala* ne nous semble pas plus heureux ; les chenilles de ces deux genres n'ayant entre elles aucune espèce de rapport, ainsi qu'on en pourra juger par les figures que nous en donnons. Au contraire les chenilles de *Maura* et de *Typica* ont une grande ressemblance avec celles des *Noctua* et des *Triphæna*, et appartiennent évidemment à notre tribu des Noctuélides. Notre

16

opinion se trouve d'ailleurs confirmée par l'examen des insectes parfaits; mais l'étude de ces derniers ne doit point trouver sa place ici.

La chenille de la *Typica* est atténuée antérieurement, d'un gris qui a quelque chose de verdâtre, mais qui paraît un peu rosé dans les incisions. La ligne vasculaire est peu visible, très-interrompue, un peu bordée de noirâtre dans les incisions. La sous-dorsale n'est pas mieux écrite, mais elle est accusée par une ligne noirâtre qui vient former sur les 10e et 11e anneaux, et surtout sur ce dernier deux taches cunéiformes assez semblables à celles qu'on observe chez les *Triphœna*. Ces taches sont aussi, sur le 11e anneau, bordées en arrière par un filet blanchâtre, qui est d'autant plus saillant, qu'il est placé sur une arête que forme en se relevant l'extrémité postérieure de cet anneau. La sous-dorsale est coupée, à partir du 4e anneau, par une série de traits d'un blanc carné qui, partant de l'incision postérieure, vont, en se recourbant vers les stigmates, se réunir à une série d'autres traits latéraux de la même couleur. La stigmatale est nettement bornée des deux côtés, assez large, d'un blanc carné, et sa partie postérieure, qui est très-ondulée, est bordée par une bande noirâtre, incertaine, qui s'élargit par places, se fond par en haut, et est au contraire très-foncée dans la partie qui touche à la stigmatale; elle y forme un filet d'un noir vif, sur lequel sont placés les stigmates, qui sont d'un jaune plus ou moins orangé. Les trapézoïdaux et les points latéraux sont petits, noirs, éclairés de blanchâtre, et on voit en outre, dans l'incision antérieure du 3ᵉ anneau, deux gros points orbiculaires blancs. L'écusson de la nuque est aussi marqué de deux points blancs qui commencent la sous-dorsale. Le ventre, les pattes et la tête sont d'un gris livide, et le clapet anal est marqué d'une tache rectangulaire brunâtre.

Cette chenille éclôt à la fin de l'automne, et passe l'hiver par groupes assez nombreux sous les feuilles des plantes mentionnées plus bas. Au printemps, les chenilles se séparent et grossissent rapidement. C'est au mois de mai qu'elles ont atteint toute leur taille : on les trouve alors sur une multitude de plantes qui croissent au bord des rivières ou des fossés ; mais c'est sur les différentes espèces de *rumex* que sa recherche est la plus productive, bien qu'elles mangent également la *scrophularia aquatica*, des *sonchus*, et même la vigne, au dire de M. Treitschke. Quand on aperçoit des feuilles fraîchement rongées, on est sûr de trouver la chenille au pied de la plante ou dans les environs.

La chrysalide est cylindrico - conique, d'un brun - noir luisant, mais non saupoudrée de bleuâtre. Elle est renfermée dans une coque peu solide, toute composée de terre et enterrée assez profondément. Le papillon en sort dans le courant de juin, et n'est pas rare dans la plus grande partie de l'Europe. Comme sa chenille, il habite les lieux humides.

A. GUENÉE.

ACRONYCTE DE L'EUPHRAISE.

ACRONYCTA EUPHRASIÆ. Pl. 1. fig. 1. a-b.

Nocturnes. *Dup.* tom. vi. pag. 250. pl. 88. fig. 4.

Le fond de sa couleur est plus ou moins noirâtre, avec les jointures des anneaux grises, et deux rangées dorsales de taches blanches ou jaunâtres, à partir seulement du troisième segment. Le premier anneau est noir, avec deux petites taches latérales blanches. Le second est également noir, et marqué dans sa partie antérieure d'un croissant rouge. Au-dessous des stigmates, qui sont blancs et cernés de noir, règne dans toute la longueur du corps, une raie du même rouge que le croissant dont nous venons de parler, mais qui est assez souvent jaunâtre, et lavée de rouge seulement sur chaque anneau. La tête et les pattes sont plus ou moins noires, et le ventre grisâtre. Le corps est en outre garni de tubercules, dont la couleur participe de la couleur du fond, et qui sont hérissés de poils courts et divergents, d'un gris-noirâtre.

Cette chenille vit sur plusieurs plantes her-

41

bacées, telles que les *euphraises* (*euphrasia offi-cinalis et odontites*), l'*hélianthème vulgaire* (*he-lianthemum vulgare*), et principalement sur les *euphorbes* (*euphorbia cyparissias et gerardiana*). On la rencontre aussi quelquefois sur des arbrisseaux, tels que la *ronce frutescente* (*rubus fruticosus*), le *myrtile* (*vaccinium myrtillus*), etc.

Elle paraît à deux époques, en juin et en septembre. Celles de la première donnent leurs papillons à la fin de juillet, et celles de la seconde en mai de l'année suivante. Mais il arrive quelquefois que des chrysalides du mois de juin n'éclosent qu'au printemps suivant.

Pour se métamorphoser, cette chenille se fabrique sous les plantes basses une coque blanchâtre d'un tissu assez serré. La chrysalide est noire, cylindrico-conique, avec l'enveloppe des ailes roussâtre.

L'Acronycte de l'*Euphraise* est répandue dans une grande partie de l'Europe. Elle est assez commune aux environs de Paris, où elle a été confondue jusqu'à présent avec celle de l'*Euphorbe* qui ne s'y trouve pas.

ACRONYCTE DE L'ÉRABLE.

ACRONYCTA ACERIS. Pl. 1 , fig. 2. a–c.

Nocturnes. *Dup.* tom. vi. pag. 253. pl. 88. fig. 5.

Son corps est ordinairement d'un jaune-citron,
et marqué dans toute sa longueur, sur le milieu
du dos, d'une suite de taches triangulaires d'un
beau blanc, et bordées de noir. De chaque côté
de ces taches s'élèvent perpendiculairement, et
sans être implantés sur des tubercules, des faisceaux de poils très-longs en forme de pyramide.
Ces faisceaux pyramidaux sont également d'un
jaune-citron, avec leur moitié interne lavée de
rose sur les quatrième, sixième, septième et huitième anneaux. D'autres poils qui divergent avec
ceux-là sont implantés sur les côtés. Les stigmates sont noirs. Les pattes membraneuses sont
de la couleur du corps ; les pattes écailleuses
sont d'un brun-noir luisant, ainsi que la tête,
qui est marquée d'un delta blanc ou jaunâtre.

On rencontre assez souvent une variété dont
le corps est d'un gris-verdâtre et les faisceaux
de poils entièrement rougeâtres.

42

Cette chenille est du nombre de celles qui se roulent sur elles-mêmes, comme le hérisson, au moindre danger; alors sa forme présente l'aspect le plus singulier. Malgré son nom, qui ferait croire qu'elle vit de préférence sur l'*érable (acer campestris)*, on la trouve le plus ordinairement sur le *marronnier d'Inde*, du moins dans les jardins publics de Paris. Elle vit aussi sur l'*orme*, le *tilleul* et beaucoup d'autres arbres. Parvenue à toute sa grosseur à la fin d'août, elle se retire dans quelque trou de mur ou sous quelque corniche, pour y filer une coque dans le tissu de laquelle elle fait entrer ses poils. La chrysalide, d'un brun-marron et dont l'extrémité anale est garnie de plusieurs pointes divergentes, passe l'hiver, et le papillon paraît en mai ou juin de l'année suivante.

L'Acronycte de l'*Érable* paraît répandue dans toute l'Europe. Elle est commune aux environs de Paris.

ACRONYCTE MÉGACÉPHALE.

ACRONYCTA MEGACEPHALA. Pl. 11. fig. 2.

Nocturnes. *God. Dup.* tom. vi. pag. 248. Pl. 88. fig. 6.

ELLE est un peu aplatie et d'une consistance
molle. Ses poils sont longs, soyeux, fins, rares
et noirs sur la région dorsale, assez fournis et
blancs sur les côtés. Le fond de sa couleur est
d'un gris-jaunâtre sale. La région dorsale est oc-
cupée par une série de grandes taches confluentes, piquées, de la couleur du fond, et sur
lesquelles, en les observant avec attention, on
voit la trace des trois lignes longitudinales. Sur
le dixième anneau il y a une tache subcordi-
forme, d'un blanc sale et cerclée de noir. Les
trapézoïdaux sont verruqueux, d'un orangé pâle,
et donnent naissance chacun à un poil. Les latéraux, qui sont de la couleur du fond, fournis-
sent chacun un petit faisceau de poils blancs.
Les stigmates sont très-apparents, noirs, et au-
dessus d'eux, se voit une ligne longitudinale de
même couleur que la bande dorsale. Le ventre
et toutes les pattes sont d'un jaune d'ocre. La
tête est extrêmement grosse, globuleuse, noire,

avec la partie frontale d'un gris-cendré. C'est, comme on sait, de cette disproportion de la tête que l'insecte a tiré son nom.

On trouve communément cette chenille depuis la fin de juillet jusqu'en octobre, sur les différentes espèces de peupliers ; elle se tient souvent repliée sur elle-même à la manière des *Ceropacha Or, Octogesima, etc.*; mais, quoiqu'elle se cramponne aux feuilles de son mieux, on parvient à la faire tomber en donnant un coup sec sur le tronc.

Parvenue à l'époque de sa transformation, elle se retire entre les écorces, y file une coque grisâtre assez consistante, et s'y change en une chrysalide cylindrico-conique, un peu allongée, à articulations abdominales assez marquées, d'un brun foncé.

L'insecte parfait éclôt dans les premiers jours de juin, et se trouve communément dans tous les lieux plantés de peupliers.

A. Guenée.

ACRONYCTE DE LA PATIENCE.

ACRONYCTA RUMICIS. pl. 11. fig. 1. a, b.

Nocturnes. *God. Dup.* tom. VI. pag. 241. pl. 88. fig. 2.

ELLE est d'un brun-noir, avec des tubercules
d'une couleur un peu plus claire, surmontés
chacun d'une aigrette de poils roux, excepté
ceux des tubercules du troisième anneau qui
sont noirâtres, en même temps qu'ils sont un
peu plus longs que les autres. Tout le long et
sur le milieu du dos, règne une rangée de taches
d'un rouge - minium, bordées de noir, dont
deux sur chaque anneau, savoir : une linéaire et
transversale sur le bord postérieur, et une plus
large et de forme irrégulière, au milieu. Cette
rangée dorsale de taches rouges est placée entre
deux séries latérales de taches blanches presque
carrées, et disposées obliquement, de manière
que la partie élevée se dirige vers l'anus. Ces
taches ne sont qu'au nombre de huit de chaque
côté, dont deux sur chaque anneau, attendu
que les deux premiers anneaux, le quatrième et
le douzième en sont dépourvus. Entre les stigmates et les pattes règne une bande sinuée, ordinairement rougeâtre sur les trois premiers an-

15

neaux, et blanche sur les autres, avec une tache rouge sur chacun d'eux, qui se fond plus ou moins dans la couleur blanche de la bande qui est quelquefois lavée de jaune-soufre. Les stigmates sont petits et d'un blanc pur. La tête est brune et marquée d'un Δ jaune. Les pattes écailleuses sont d'un noir luisant; les membraneuses et le dessous du ventre sont d'un brun-noirâtre.

Dans l'état de repos, la partie antérieure du corps est plus renflée que le reste, surtout le troisième anneau, et le onzième anneau est un peu relevé en bosse.

Cette chenille ne vit pas seulement sur la *patience*, comme le nom de son papillon semblerait l'indiquer; mais elle vit aussi sur beaucoup d'autres plantes, telles que les *mauves*, les *orties*, la *persicaire*, la *laitue*, et même sur plusieurs espèces d'arbres ou d'arbustes, notamment la *ronce*, le *rosier*, le *lilas*, le *peuplier*, le *saule* et le *bouleau*. On la trouve depuis la fin de juin jusqu'en automne. Sa transformation a lieu dans une coque grisâtre assez solide, qu'elle fixe à une branche d'arbre, et dans le tissu de laquelle elle fait entrer des brins d'écorce ou de feuilles sèches. La chrysalide est d'un brun-noir, cylindrico-conique. L'insecte parfait en sort au bout de trois semaines; mais cela n'a lieu que pour les chenilles qui se transforment dans le courant de l'été, car celles qui sont plus tardives passent l'hiver en chrysalide, et ne donnent leur papillon qu'en mai de l'année suivante.

L'acronycte de la *Patience* se trouve communément dans toute l'Europe.

DUPONCHEL.

CATOCALA DU FRÊNE.

CATOCALA FRAXINI. Pl. 1. fig. 1.

Nocturnes. *God.* tom. v. pag. 5o. pl. 45. fig. 1.

La chenille de cette Catocalide est d'un blanc
tantôt légèrement verdâtre ou bleuâtre, tantôt
jaunâtre et plus ou moins parsemé de petits
points noirs, formant quelquefois, par leur ag-
glomération symétrique, des espèces de losanges
ou de chevrons sur chaque anneau. Le huitième
anneau est un peu relevé en bosse, et sa moitié
postérieure, comme la moitié antérieure du neuvième, est fortement lavée de noirâtre. Le onzième
anneau est bordé postérieurement de cette même
couleur, et surmonté de deux petits tubercules
couleur de chair. Les stigmates sont d'un blanc-
bleuâtre et finement cernés de noir. La tête,
échancrée en cœur, est également bleuâtre, bordée de couleur de chair, et marquée sur le devant de plusieurs petites lignes noires. Toutes
les pattes sont de la couleur du corps. Les cils
qui garnissent les côtés de chaque anneau sont
blanchâtres. Le dessous du corps est d'un blanc-

15

bleuâtre, avec sept taches noires arrondies, dont une sur chacun des 1er, 2e, 6e, 7e, 8e, 9e et 10e anneaux; les deux premières sont beaucoup moins grandes que les autres. Le nom de Noctuelle *Fraxini*, donné par les premiers auteurs à ce lépidoptère, ferait supposer que sa chenille vit particulièrement sur le *fréne*. Cependant nous ne l'avons jamais trouvée sur cet arbre, mais toujours sur les différentes espèces de peupliers, et principalement sur le *tremble (populus tremula)* et le *peuplier blanc (populus alba)*. Quelques auteurs lui assignent aussi pour nourriture le *saule*, le *bouleau*, le *noisetier*, l'*érable*, l'*orme* et le *châtaignier;* mais ce ne peut être qu'accidentellement et à défaut de peupliers qu'elle aura été rencontrée sur ces arbres. Quoi qu'il en soit, c'est depuis le commencement de juillet jusqu'à la mi-août qu'il faut la chercher.

Cette chenille est très-vive et s'agite beaucoup lorsqu'on la touche. Lorsqu'elle est parvenue à toute sa taille, elle file entre des feuilles un cocon très-lâche de soie roussâtre, et s'y métamorphose en une chrysalide pyriforme d'un brun-marron saupoudré de blanc-bleuâtre, et terminée à l'anus par quatre crochets, dont deux grands et deux petits. Ce qui distingue cette chrysalide de celles des autres espèces du même genre, suivant Godart, c'est qu'elle a de chaque côté, sur

le quatrième et le cinquième segments, deux petits tubercules bleus. L'insecte parfait se développe au bout de trois semaines ou d'un mois,
suivant que le temps est plus ou moins chaud,
et se montre depuis le milieu d'août jusqu'à la
fin d'octobre.

La Catocala du *Fréne* se trouve dans le nord
et dans le centre d'une grande partie de l'Europe. Elle n'est pas rare aux environs de Paris,
surtout dans le parc de Versailles.

DUPONCHEL.

CATOCALA CHOISIE.

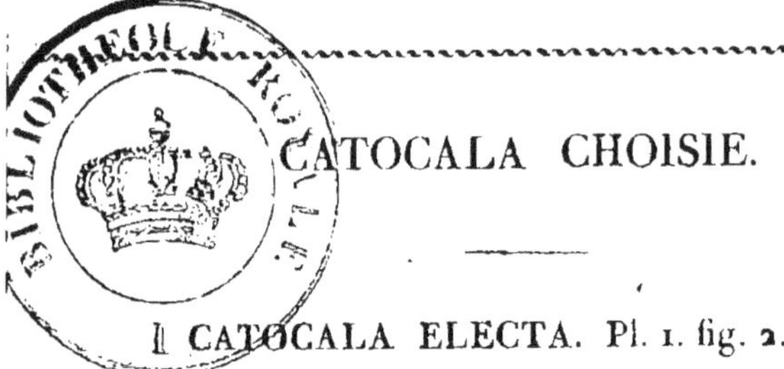

I. **CATOCALA ELECTA.** Pl. 1. fig. 2. a. b

Nocturnes. *God.* tom. v. pag. 60. pl. 46. fig. 1.

LA chenille de cette Catocalide est d'un gris-
violâtre qui s'éclaircit à certaines places , avec
une raie longitudinale d'un blanc - jaunâtre de
chaque côté du corps. Cette raie, souvent à peine
marquée, est surmontée d'une rangée de tubercules roux qui donnent naissance à de petits
poils gris, et qui sont disposés ainsi qu'il suit : un
sur le deuxième anneau, deux sur chacun des
quatre, cinq, six, sept et neuvième anneaux, et
un sur les huitième et dixième : les autres en sont
dépourvus. Indépendamment de ces tubercules,
on en voit un beaucoup plus gros sur le milieu
du huitième anneau, et il y a, sur le onzième ,
une élévation bifide inclinée en arrière : l'un et
l'autre également d'un roux ferrugineux ou orangés. Les stigmates sont noirs et cernés de blanc-
jaunâtre. La tête est couleur de chair, variée de

16

brun et bordée de noir. Les pattes écailleuses sont rousses et les membraneuses de la couleur du corps. Les cils qui bordent les côtés des anneaux sont d'un blanc rosé. Le ventre est bleuâtre, avec une bande médiane fauve, marquée d'une large tache noire sur le milieu de chaque anneau.

Cette description, ainsi que la figure, ayant été faite d'après un individu conservé dans l'alcool, il est à craindre qu'elle ne soit pas très-exacte quant aux couleurs, qui ont dû nécessairement être altérées par cette liqueur ; mais le nombre, la forme et la position des tubercules qu'on remarque sur la chenille dont il s'agit, suffisent seuls pour la distinguer parmi ses congénères.

Cette chenille vit sur différentes espèces de saules, principalement sur l'*osier* (*salix viminalis*); on la trouve aussi sur le *peuplier d'Italie* (*populus fastigiata*), suivant les auteurs allemands. Parvenue ordinairement à toute sa taille dans les premiers jours de juillet, elle file une coque d'un tissu blanc et peu solide entre plusieurs feuilles, et s'y change en une chrysalide cylindrico-conique, d'un brun-marron, saupoudré de blanc-bleuâtre, et terminée à l'anus par un bouton rugueux, armé de six soies noires recourbées, dont les deux du milieu sont plus longues. L'insecte parfait éclôt au bout d'un mois.

La Catocala *Electa* se trouve dans plusieurs contrées du centre et du midi de l'Europe ; mais elle n'est commune nulle part ; elle n'est cependant pas trés-rare dans le Languedoc. J'en possède un individu qui a été pris (cette année 1837) dans les environs de Sens, département de l'Yonne.

DUPONCHEL.

OPHIUSE LUNAIRE.

OPHIUSA LUNARIS. pl. 11. fig. 1.

Nocturnes. *God.* tom. v. pag. 122. pl. 55. fig. 2.

CETTE chenille a le *facies* de celle d'une *Cato-cala* : elle a comme elle le pénultième anneau surmonté d'un tubercule bifide, et comme elle aussi la première paire de pattes membraneuses trop courtes pour s'en servir, ce qui lui donne l'allure d'une arpenteuse lorsqu'elle marche. Mais elle en diffère en ce qu'elle est plus cylindrique, et n'a pas les côtés du ventre garnis de cils. Elle est d'un gris cendré ou roussâtre plus ou moins ponctué de noir, avec des stries fines et ondulées de la même couleur, dont quelques-unes plus marquées forment des lignes longitudinales. On remarque sur le dos du quatrième anneau deux taches jaunes lunulées, bordées de noir inférieurement et de rouge supérieurement. Les deux pointes du tubercule bifide du onzième anneau sont également jaunes, avec leur extrémité rouge. Une bande longitudinale d'un brun fe rugineux règne au-dessus des pattes depuis le cou jusqu'au clapet de l'anus. Les stigmates,

16

placés immédiatement au-dessus de cette bande, sont jaunâtres et finement bordés de noir, mais leur petitesse fait qu'on les aperçoit à peine. Les pattes écailleuses sont jaunes et les membraneuses blanches, avec leur couronne rougeâtre. La tête est d'un brun-rouge ou ferrugineux, avec les joues ou bords latéraux jaunes et marqués chacun d'un petit point brun près de la bouche. On voit en outre deux raies jaunes, longitudinales dans le milieu de sa partie supérieure. Enfin, le dessous du corps est d'un gris-jaunâtre, avec une tache ferrugineuse entre chaque paire de pattes.

Cette chenille vit exclusivement sur le *chêne*. On la trouve parvenue à toute sa taille dans le courant de juillet. Elle file un léger cocon blanchâtre entre des feuilles pour se chrysalider, et ne donne son papillon qu'en mai de l'année suivante. La chrysalide est cylindrico-conique, brune et saupoudrée de bleuâtre; son anus est garni d'un faisceau de petites épines.

L'*Ophiuse lunaire* paraît répandue dans toute l'Europe. Elle est assez commune, certaines années, au bois de Boulogne. En général, les bois secs et remplis de bruyères sont ceux qui lui conviennent le mieux.

DUPONCHEL.

OPHIUSE TIRRHÉE.

OPHIUSA TIRRHÆA. Pl. 11. fig. 2. a. b.

Nocturnes. *God.* tom. v. pag. 119. Pl. 55. fig. 1.

CETTE chenille a absolument la même forme que celle de l'*Ophiusa lunaris*, et varié aussi, comme elle, pour le fond de la couleur, qui est tantôt d'un gris cendré, et tantôt d'un gris-rougeâtre. Dans l'un et l'autre cas, elle est couverte dans le sens de sa longueur d'une multitude de petites stries très-fines, ondulées et très-serrées, les unes noirâtres, les autres couleur de rouille. Les deux tubercules du pénultième anneau sont d'un rouge-brun, ainsi que les deux petites pointes qu'on aperçoit sur le clapet de l'anus. Les stigmates sont noirs et très-visibles quoique petits. La tête est rougeâtre et rayée de brun longitudinalement, avec deux taches latérales d'un jaune soufre dans sa partie supérieure. Les pattes écailleuses sont d'un rouge-brun, et les membraneuses d'un gris clair, avec leur couronne noirâtre. Chacune des trois dernières paires de celles-ci est marquée

16

extérieurement, au-dessus de la couronne, de deux petits points noirs qui manquent toujours à la première et quelquefois à la dernière paire. Le dessous du corps est plus clair que le dessus, et l'on y remarque quatre grandes taches plus ou moins noires, dont une sur chacun des 6, 7, 8 et 9ᵉ anneaux, placée entre les pattes membraneuses. Il existe aussi des taches entre les pattes écailleuses, mais elles sont roussâtres et peu apparentes.

Cette chenille vit sur le *térébinthe* et le *lentisque* (*pistacina terebinthus* et *pistacina lentiscus*), ainsi que sur le sumac (*rhus coriarius*), et l'*aubépine*. On commence à la trouver vers le milieu de septembre, et, à la fin d'octobre, elle a atteint tout son développement. Elle se file alors une coque d'un tissu lâche, très-léger et de couleur brune, dans laquelle elle reste au moins trois semaines avant de se changer en chrysalide.

Celle-ci est cylindrico-conique, brune, saupoudrée de bleuâtre. Elle passe l'hiver, et l'insecte parfait éclôt en mai ou juin de l'année suivante. Cependant il paraîtrait, d'après ce que m'a marqué dans le temps M. le comte de Saporta, qu'il y aurait deux générations par an, ou du moins que des individus plus hâtifs que d'autres subiraient toutes leurs métamorphoses dans le courant de l'été. Quoi qu'il en soit, on a cru cette belle espèce étrangère à la France jusqu'au moment où M. le capitaine du génie Solier, l'un de nos plus savants entomologistes, en fit la découverte dans les environs de Marseille, en 1826.

Depuis, plusieurs amateurs de la Provence et du Languedoc ont élevé sa chenille, avec plus ou moins de succès, et alors le papillon est devenu assez commun dans les collections. Il paraît au reste que la *Tirrhæa* habite toutes les parties du littoral de la Méditerranée où croissent les térébinthes et les lentisques, et qu'on la trouve aussi au cap de Bonne-Espérance.

DUPONCHEL.

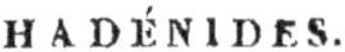

HADÈNE NÉGRESSE.

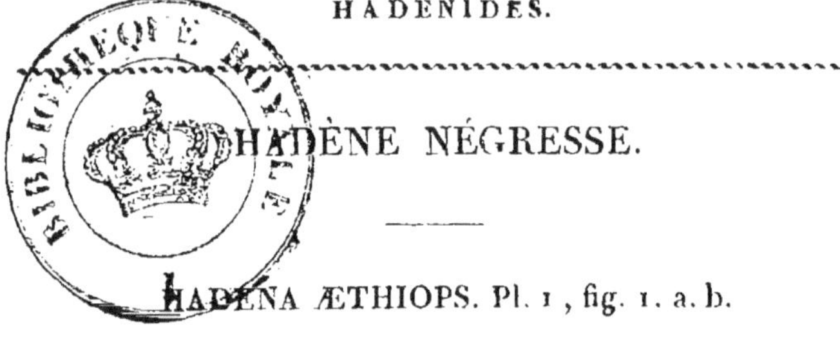

HADENA ÆTHIOPS. Pl. 1 , fig. 1. a. b.

Nocturnes. *God.* tom. v. pag. 273. pl. 71. fig. 4.

ELLE varie beaucoup pour l'intensité de la couleur et des dessins. Nous figurons deux des individus les plus tranchés qui pourront en faire juger; mais le plus souvent elle est intermédiaire entre ces deux variétés.

Elle a la taille et le port d'*Oleracea* et de *Suasa*, mais elle est plus allongée; sa couleur est le vert-jaunâtre plus ou moins pâle. Comme chez ses analogues, les incisions sont jaunes quand les anneaux sont repliés. On voit sur le vaisseau dorsal une ligne géminée , d'un rose obscur ou d'un noir-violâtre ; cette ligne est presque toujours très-interrompue, et n'est souvent visible que dans les incisions où elle persiste toujours plus ou moins. Plus bas est une ligne sous-dorsale absolument semblable et également géminée. Entre elles se voient les points trapézoïdaux qui sont de la même couleur, et

13

éclairés extérieurement d'un petit point blanc ;
mais les deux antérieurs sont seuls visibles à
l'œil nu. Puis vient une bande stigmatale blanche, assez pure supérieurement, salie de vert inférieurement, et finement lisérée par en haut de
la couleur des lignes. A la place qu'occupent les
stigmates, cette couleur s'étend et forme ordinairement un petit empâtement qui les entoure. Ils
sont blancs, cerclés de noirâtre. La tête est d'un
vert pâle, parfois un peu roussâtre. Il en est de
même des pattes, mais les membraneuses ont l'extrémité rosée. La plaque de la nuque est du même
vert, et offre rarement les vestiges de trois lignes
blanches. Vue à la loupe, cette chenille paraît
légèrement sablée de blanchâtre. Sa peau est
fine et transparente, comme dans les espèces
voisines.

Elle éclôt à la fin de l'automne, passe l'hiver
très-petite, et ne commence à prendre un accroissement bien sensible qu'au printemps. Elle
grossit alors assez rapidement jusqu'au commencement de juin, époque où elle a atteint
toute sa taille. Elle s'enfonce alors en terre assez profondément, et s'y change en une chrysalide d'un rouge-brun, très-lisse, un peu effilée,
à partie antérieure un peu conique et à anus obtus, terminé par deux pointes convergentes.

Dans son jeune âge on peut nourrir cette

chenille avec l'*alsine media*, plante que mangent volontiers presque toutes les chenilles qui hivernent, mais plus tard elle préfère les différentes espèces de *rumex*, contre les tiges desquels on la trouve parfois collée.

Le papillon éclôt à la fin de septembre et dans le courant d'octobre. Il habite surtout le midi de la France, mais on le trouve également dans le centre.

A. GUENÉE.

POLIE DYSODÉE.

POLIA DYSODEA. Pl. 1 , fig. 2. a. b.

Nocturnes. *Dup.* tom. vi. pag. 404. pl. 98. fig. 2.

CETTE chenille, généralement peu caractérisée est peu atténuée aux extrémités, et quand elle ne marche pas, sa forme est un peu ramassée. Sa couleur varie depuis le vert-roussâtre très-pâle jusqu'au brun-jaunâtre un peu rosé, mais dans tous les cas, toute la région ventrale, d'une stigmatale à l'autre, est beaucoup plus claire. La ligne vasculaire est d'une couleur sombre, toujours bien visible, continue, géminée. La sous-dorsale est moins apparente, également géminée ; mais souvent le trait supérieur persiste seul. Les deux points trapézoïdaux antérieurs sont seuls bien marqués. La ligne stigmatale se fond inférieurement avec la couleur du ventre, mais sa partie supérieure, au contraire, est très-nettement détachée et bordée de brun, surtout dans le voisinage des stigmates. Ceux-ci sont placés au-dessus de la stigmatale et d'un noir profond. La tête est d'un vert-roussâtre ou brunâtre, avec le front marqué de noirâtre dans les individus foncés. La plaque de la nuque est à peine distincte,

13

et toutes les pattes sont de la couleur du ventre.

Nous représentons, fig. a, cette chenille telle qu'on la trouve le plus habituellement, mais elle varie beaucoup ; la fig. b est une des variétés les plus tranchées, et il est rare de la trouver plus foncée en couleur. Elle vit sur plusieurs chicoracées; mais les laitues (*lactuca, sativa, virosa, perennis*) sont celles qui semblent lui convenir le mieux. Elle se tient au sommet des tiges et affectionne particulièrement les fleurs. Il n'est pas rare de la rencontrer sur ces plantes en groupes nombreux surtout dans sa jeunesse; mais il faut alors une certaine attention pour la découvrir, car, à cet âge, elle est ordinairement d'un vert-pâle, qui la fait confondre avec les tiges et les boutons. C'est en juin, juillet et août qu'il faut la chercher.

Pour se métamorphoser, elle s'enfonce en terre, et s'y construit une petite coque ovoïde et peu consistante. La chrysalide est un peu effilée, très-conique postérieurement, d'un brun-rouge, saupoudrée d'une légère efflorescence grisâtre; l'anus est terminé par deux soies recourbées.

L'insecte parfait éclôt en juin et juillet, et se montre quelquefois de nouveau au mois de septembre, mais en moins grande quantité. Il est commun dans la plus grande partie de l'Europe.

A. GUENÉE.

DIANTHÆCIE CAPSULAIRE.

DIANTHÆCIA CAPSINCOLA. Pl. 11. fig. 1.

Nocturnes. *God. Dup.* tom. VI. pag. 334. pl. 95. fig. 6.

CETTE chenille et les deux qui sont figurées sur la même planche donnent une idée bien frappante du soin qu'il faut apporter à l'étude des chenilles, puisque, bien qu'elles soient tellement semblables qu'il est toujours difficile et souvent impossible de les distinguer, elles donnent cependant des papillons complétement différents.

La chenille de la *Capsincola* est rase, atténuée aux deux extrémités, d'un gris parfois légèrement jaunâtre, mais presque toujours un peu verdâtre, quand elle est arrivée à toute sa taille. Il faut bien faire attention à cette nuance qui est souvent le seul signe auquel on puisse la reconnaître, quand elle se trouve mélangée avec d'autres sur la même plante. La ligne vasculaire est distincte et continue sur les trois premiers anneaux; mais sur les suivants, elle n'est guère marquée que dans les incisions, où elle est bordée de chaque côté par une ombre va-

15

gue. De cette ombre part, sur chaque anneau, un trait oblique qui remonte jusque vers le milieu de l'anneau précédent. La réunion de ce trait, avec celui du côté opposé, forme une espèce de V, dont l'angle est empâté de brun et comblé en partie par une teinte légèrement jaunâtre ou roussâtre, qui s'étend jusqu'aux trapézoïdaux. De ceux-ci, les antérieurs sont seuls bien visibles et paraissent noirs à l'œil nu, mais en réalité ils sont jaunâtres, cerclés de noir et portent dans leur milieu un poil fin de cette dernière couleur. Quant aux postérieurs ils sont perdus dans la partie ombrée du V.

Avec beaucoup d'attention on aperçoit les traces de la sous-dorsale qui est géminée, et qui devient plus apparente sur les premiers anneaux, où elle remplace les V. La stigmatale est large, sinuée, un peu plus claire que le fond, surmontée d'atomes bruns qui tendent à former des traits obliques, allant rejoindre l'extrémité des branches des V. Les stigmates sont blanchâtres, cerclés de noir et placés sur une tache vague, roussâtre, qui s'avance dans la stigmatale. Le ventre est d'un blanc d'os. La tête est roussâtre, avec deux traits noirs, et la plaque de la nuque est bien visible, marquée de trois lignes plus claires et de six points noirs très-petits, qui ne sont visibles qu'à la loupe.

On trouve cette chenille pendant les mois de juillet et d'août, dans les capsules de la *lychnide dioïque* (*lychnis dioica*), et voici la manière dont elle s'y introduit. Le papillon dépose au mois de juin un ou deux œufs sur le calice de la fleur femelle du *lychnis*. Comme à cette époque cette fleur ne fait que commencer à se développer, l'ovaire est encore si tendre, que la jeune chenille le perce sans difficulté pour s'y introduire. A mesure que cet ovaire grossit, la chenille grossit avec lui, en se nourrissant de la graine encore tendre qu'il renferme, et quand elle est arrivée à toute sa taille, la capsule est assez grosse pour la contenir, et assez vide pour qu'elle puisse se rouler au fond. Cependant elle ne procède pas toujours comme nous venons de le dire. Souvent, après avoir rongé un jeune ovaire, ses mandibules ont acquis assez de force pour percer une capsule déjà grosse. Elle s'y introduit alors directement, et on aperçoit au dehors le trou qu'elle a fait pour entrer, et par lequel découlent ses excréments dont la teinte rougeâtre trahit sa présence. Arrivée aux deux tiers de sa taille, elle quitte sa capsule et ronge les graines de toutes celles qu'elle rencontre, soit en perçant leur sommet, soit en introduisant son corps par l'ouverture que forme naturellement la déhiscence des valves. La dureté de la graine parvenue alors à sa maturité ne la rebute point.

Quand arrive l'époque de sa transformation, elle descend à terre et s'y enfonce. Elle y forme une coque ou pour mieux dire une simple cavité, où il entre à peine quelques fils de soie, et s'y change en une chrysalide cylindrico-conique brune luisante, dont le ventre est prolongé en un bouton saillant et arrondi, et l'anus terminé par deux pointes divergentes.

J'ai également trouvé cette chenille sur la *saponaire* (*saponaria officinalis*), et je crois qu'au besoin elle attaque toutes les caryophyllées; cependant la *lychnide dioïque* peut être considérée comme sa nourriture spéciale.

Le papillon éclôt au mois de juin de l'année suivante, et est commun en France.

A. GUENÉE.

DIANTHÆCIE SAUPOUDRÉE.

DIANTHÆCIA CONSPERSA. Pl. 11. fig. 2-3.

Nocturnes. *God. Dup.* tom. VII. pag. 354. pl. 95. fig. 1.

J'AI donné à l'article de la *Capsincola* une
description détaillée qui abrégera celle - ci ; car,
ainsi que je l'ai dit, ces deux chenilles sont extrêmement voisines.

' Elle est rase, atténuée aux extrémités, d'un
jaune d'ocre un peu roussâtre, souvent teinté de
rose sur les premier et dernier anneaux ; les
incisions, quand elles sont repliées, tirent aussi
sur cette dernière couleur. La vasculaire est
aussi sur les anneaux autres que les trois premiers et le dernier, perdue dans une ombre
plus ou moins prononcée, qui forme une large
ligne, plus foncée dans les incisions. Les traits
obliques en V et les trapézoïdaux sont comme
dans la *Capsincola*. Mais l'angle du V ne porte
point ici de teinte différente de celle du fond.
La sous - dorsale n'est pas plus visible. La stigmatale est plus claire que le fond, et bordée
d'atomes bruns qui, le plus souvent, n'ont aucune forme arrêtée. Les stigmates sont de la
couleur du fond et cerclés de noir. En arrière,
on voit, à l'aide de la loupe, le point pilifère or-

dinaire, mais très-petit. Il en est de même des deux ventraux. Le ventre et les pattes sont d'une couleur de chair jaunâtre. La tête est luisante, à peu près de la couleur du fond, avec deux traits bruns. La plaque de la nuque est comme chez la *Capsincola*.

Cette chenille vit quelquefois de la même manière et sur les mêmes plantes que la *Capsincola*. On la trouve même aussi sur les *silene inflata* et *nutans*; mais sa nourriture la plus ordinaire est le *lychnis flos cuculi*, plante qui croît abondamment dans tous les prés humides. En examinant ses graines au déclin du soleil, on est presque sûr de rencontrer des chenilles grimpées au haut des tiges et occupées à dévorer les capsules. Elles y trouvent même une retraite quand elles sont encore jeunes; mais, quand elles ont atteint toute leur taille, elles se retirent au pied de la plante, car la capsule est alors beaucoup trop petite pour les contenir. C'est dans le courant de juillet que la chasse à cette espèce de chenille est la plus productive.

La *Conspersa* s'enfonce en terre comme la *Capsincola*, et, sans faire une coque plus solide, s'y change en une chrysalide absolument semblable, et munie comme celle-ci d'un bouton ventral et de deux pointes anales divergentes.

Le papillon éclôt dans le courant de juin de l'année suivante. A. GUENÉE.

DIANTHÆCIE PARÉE.

DIANTHÆCIA ALBIMACULA (*concinna*). Pl. 11. fig. 4.

Nocturnes. *God. Dup.* tom. vi. pag. 359. pl. 95. fig. 3.

Je renvoie encore pour la description détaillée de cette chenille à celles des *Capsincola* et *Conspersa*; car c'est à peine si on peut la distinguer de la dernière.

Elle est rase, atténuée aux deux extrémités, d'un jaune d'ocre un peu terreux. On voit sur la région dorsale exactement les mêmes dessins que sur la *Conspersa*, seulement ils sont souvent plus noirs et plus marqués; les V sont d'ordinaire plus comblés de noir dans leur angle, et par conséquent moins nets; les sous-dorsales sont généralement plus visibles, mais surtout dans les incisions. La stigmatale est complétement semblable, elle offre quelquefois une teinte plus rosée.

Du reste, ces différences si fugitives ne sont pas même toujours bien constantes, et, quand on rencontre l'*Albimacula* et la *Conspersa* sur la même plante, il est souvent absolument impossible de les distinguer. Comme elles ont d'ailleurs les mêmes mœurs, et que leurs chrysalides se ressemblent encore plus, s'il est possible, que les chenilles, ce n'est qu'au moment de l'éclosion des papillons qu'on peut être sûr d'avoir élevé l'une ou l'autre.

Cependant la chenille qui nous occupe ici a comme ses congénères une nourriture de prédilection, c'est le *silene nutans*, jolie plante qui ne croît que dans les clairières des bois montueux ou pierreux. Aussi l'*Albimacula* a-t-elle passé longtemps pour une espèce de montagnes, quoiqu'elle ne soit pas rare dans nos pays. J'ai donné depuis longtemps dans les Annales de la Société entomologique de France (t. III, p. 198), la description de cette chenille et de la manière de se la procurer, qui est la même que pour la *Conspersa*.

La chrysalide ressemble tellement à celles de la *Conspersa* et de la *Capsincola*, qu'il est absolument impossible de la reconnaître.

L'insecte parfait éclôt à la même époque que la *Conspersa*. Il reste quelquefois deux et même trois ans en chrysalide. Cette particularité, au reste, est commune à toutes les espèces de *Dianthœcia* que j'ai élevées.

A. Guenée.

XANTHIE SAFRANÉE.

XANTHIA CROCEAGO. Pl. 1. fig. 1. a. b.

Nocturnes. *Dup.* tom. vii. 1ʳᵉ part. pag. 447. pl. 228. fig. 1.

Elle est cylindrique, légèrement moniliforme, nullement atténuée aux extrémités, d'un jaune-fauve strié de fauve roussâtre. La ligne vasculaire n'est bien marquée que sur les trois premiers anneaux; sur les autres elle s'oblitère, et n'est plus visible que dans les incisions. Elle est, comme tout le reste des dessins, d'un gris sombre un peu roussâtre. Du bord postérieur de chaque anneau, à commencer du troisième, part un trait oblique qui par sa réunion avec celui de l'autre côté forme un V bien prononcé. Ce V renferme les points trapézoïdaux antérieurs qui sont légèrement saillants, un peu plus clairs que le fond et cernés de roussâtre; les deux postérieurs sont moins visibles et contigus à sa partie externe, mais sur le onzième anneau ils deviennent très-apparents, grands, saillants, ovales, et d'un blanc-jaunâtre; ils y sont bordés antérieure-

13

ment par du brun obscur qui comble une partie du V. On voit parfois, surtout sur les derniers anneaux, un second V renfermé dans le premier, mais dans un sens opposé et passant par-dessus les points trapézoïdaux antérieurs ; mais il n'est jamais très-distinct. La ligne stigmatale n'existe pas ; mais les stigmates, qui sont d'un jaune sale cerclés de noir, sont placés sur un gros point noirâtre, qui envoie parfois un trait ombré vers l'extrémité antérieure des branches du V. On voit au-dessus, en arrière et au-dessous des stigmates, des points à peu près semblables aux trapézoïdaux ; mais ils se confondent facilement avec les stries qui couvrent la chenille. La tête est jaunâtre, réticulée de roussâtre. La plaque de la nuque est mate, veloutée, un peu plus roussâtre que le fond, et marquée de points d'un blanc-jaunâtre, et d'une fine ligne médiane de même couleur. Le ventre et toutes les pattes sont d'une couleur plus claire que le fond.

Cette chenille vit en mai et juin sur le *chêne* (*quercus robur*) ; dans sa jeunesse elle a une sorte d'analogie avec celle de la *Cerop. Ridens.* Elle n'est pas extrêmement commune, mais on l'élève très-facilement ; aussi son papillon n'est-il rare nulle part.

Vers la fin de juin, elle s'enfonce en terre et s'y change, sans former de coque bien caractérisée, en une chrysalide d'un brun-rouge, assez raccourcie, avec une gaîne ventrale légèrement proéminente, et la partie postérieure terminée par deux petites pointes fines, recourbées et conniventes à leur extrémité.

Le papillon éclôt à la fin de septembre et dans le courant d'octobre.

A. Guenée.

OMALOSOME TIGRÉE.

OMALOSOMA RUBIGINEA. Pl. 1 , fig. 3. a. b..

Nocturnes. *Dup.* tom. vii. 1re part. pag. 137. pl. 109. fig. 6.

CETTE chenille forme une anomalie dans cette tribu , en ce qu'elle est couverte de poils très-visibles ; aussi serait-on tenté au premier abord de placer l'insecte parfait dans les *Bombycoïdes* auprès des *Acronycta ;* mais après un examen attentif, on est forcé de le rapporter à la tribu des Orthosides , dont il a tous les caractères. Néan-moins plusieurs particularités , jointes à celles qu'offre la chenille, ne permettent pas de le laisser dans le genre *Cerastis*, et nous avons cru devoir en former un genre séparé.

La chenille n'est ni longue ni difficile à décrire. Ses incisions sont profondes et la rendent très-moniliforme. Sa couleur varie depuis le brun fauve jusqu'au brun sépia. Dans tous les cas, le premier anneau est plus foncé que les suivants; il est, ainsi que le second, dépourvu de taches. Sur le dos de chacun des autres , on voit deux

13

traits épais noirs, très - rapprochés, et même le plus souvent confluents et ne formant qu'une seule tache carrée. Les poils sont d'un brun-fauve ou mordoré. La tète est luisante, d'un brun-noir, et les pattes participent de la couleur du fond.

On trouve cette chenille en juin et juillet. Elle se nourrit de différents arbres, et vraisemblablement aussi d'arbrisseaux et de plantes basses ; pour nous, nous l'avons toujours élevée avec des feuilles de *chéne*, qu'elle mange fort bien en captivité. Parvenue à toute sa taille vers la fin de juillet, elle se fabrique à la surface de la terre une coque molle mêlée de terre et de soie, et s'y change en une chrysalide d'un brun-jaunâtre, assez courte, un peu déprimée sur le dos, et à partie postérieure très-conique, et terminée par quelques pointes courtes.

Le papillon éclôt depuis le milieu d'octobre jusqu'à la mi-novembre. Il habite principalement la Hongrie et le centre de la France.

A. GUENÉE.

ORTHOSIE DE LA LYCHNIDE.

ORTHOSIA PISTACINA. Pl. 1 , fig. 2. a-c.

Nocturnes. *Dup.* tom. vi. pag. 113. pl. 80. fig. 5.

Elle a la taille et le port d'*Oleracea.* Sa couleur varie extraordinairement. Le plus souvent elle est d'un vert obscur un peu jaunâtre, et parsemée d'atomes d'un rouge plus ou moins briqueté. Ces atomes sont tantôt clairsemés, et tantôt si nombreux qu'ils couvrent presque entièrement la couleur du fond. Quelquefois, mais bien plus rarement, ils sont d'un blanc-jaunâtre pâle, et à peine visibles sans le secours de la loupe ; mais cela n'arrive que dans la variété d'un beau vert que nous représentons fig. c.

Dans tous les cas elle a sur le vaisseau dorsal une ligne géminée, continue, de la même couleur que les atomes. Au-dessous on en voit une autre semblable, également géminée, mais quelquefois interrompue quoique rarement ; entre ces lignes, on aperçoit les points trapézoïdaux qui sont blanchâtres, cerclés intérieurement de rougeâtre et tous bien visibles. Un point sem-

13

blable, mais un peu moins apparent, se voit au-dessus de chaque stigmate. La bande stigmatale est assez large, très-continue, très-arrêtée des deux côtés, d'un jaune-verdâtre pâle, et un peu blanche dans sa partie supérieure. Cette partie blanche porte les stigmates qui sont petits, et très-finement cerclés de noir. Chacun d'eux est suivi d'un gros point irrégulier noirâtre ou de la couleur des atomes, lequel est contigu à la partie supérieure de la bande, et placé parmi les atomes qui y sont d'ordinaire plus accumulés que partout ailleurs; ce point varie pour la grosseur, mais il est rare qu'il manque tout à fait. Au-dessous de la bande stigmatale on retrouve encore quelques atomes, et on aperçoit deux points superposés semblables aux trapézoïdaux; après quoi le ventre devient d'une couleur pâle et uniforme. Les pattes, vraies et fausses, sont du même ton que le ventre, avec l'extrémité rougeâtre. La tête est aussi de la même couleur, plus ou moins réticulée de rougeâtre. Enfin la plaque de la nuque est de la couleur du fond, mais sans atomes, et l'origine des trois lignes n'y est guère visible qu'à la loupe.

Chez la variété verte que nous donnons, fig. b, la plupart des caractères ont disparu. On ne voit plus sur le vaisseau dorsal qu'une sorte de filet plus foncé, et les lignes sous-dorsales sont presque entièrement oblitérées. Enfin les points sont tous blancs, et à peine visibles. Aussi cette variété a-t-elle beaucoup de ressemblance avec certains individus de *Flavicincta;* mais la différence de port, et une foule de nuances indescriptibles l'en feront toujours distinguer par des yeux un peu exercés. D'ailleurs, ainsi que nous l'avons dit, une oblitération aussi complète est extrêmement rare ; sur plus de soixante individus que nous avons sous les yeux, elle ne se montre qu'une fois.

La chenille de *Pistacina* n'est pas rare dans le centre et le nord de la France. On la trouve pendant le mois de mai et au commencement de juin sur plusieurs plantes basses, mais surtout sur les *rumex, crispus, acetosa, patientia, etc.*, contre les tiges desquels on la trouve souvent collée, et dont elle ronge les fleurs et les boutons dans sa jeunesse. C'est principalement dans les prés qu'il faut la chercher ; cependant nous l'avons aussi trouvée dans des bois arides et montueux ; seulement elle recherche alors les parties ombragées.

Jusqu'à la seconde ou troisième mue, elle est d'un vert-blanchâtre ou jaunâtre très-pâle, avec les lignes et les points peu marqués et sans aucun atome rougeâtre.

Vers le milieu de juin, elle s'enfonce en terre

et s'y change en une chrysalide d'un rouge-brun, ayant les anneaux de l'abdomen assez moniliformes, le dos un peu déprimé latéralement, et l'extrémité anale obtuse et terminée par une pointe à peine saillante.

L'insecte parfait éclôt en octobre et novembre; il est commun partout et varie extrêmement.

A. GUENÉE.

CÉRASTE CHATAIN.

CERASTIS SPADICEA. Pl. 2. fig. 1 -2. a. b.

Nocturnes. *Dup.* tom. iii. pag. 92. pl. 79. fig. 1.
(*Noct. de l'Airelle, var.*)

CETTE espèce est depuis longtemps figurée dans Hubner sous tous ses états, mais le papillon ressemble tellement à certaines variétés de *Vaccinii*, que personne jusqu'ici n'a voulu ajouter foi aux figures de l'iconographe allemand. Nous-même, avant d'avoir élevé la chenille séparément, nous étions tombé dans la même erreur ; mais il y a environ trois ans, ayant ramassé une grande quantité de chenilles de *Cerastis*, nous nous aperçûmes d'une différence constante entre elles, et nous les isolâmes. Le résultat de cette éducation nous surprit, et nous crûmes nous être trompé ; mais, ayant répété deux ans de suite la même expérience, sur plus de trente individus de chaque espèce, il fallut bien nous rendre à l'évidence, et donner raison à l'auteur que nous venons de citer. Seulement, nous devons dire que la figure de sa che-

17

nille de *Spadicea* n'est pas exacte; outre qu'il l'a représentée dans une attitude forcée, il l'a chargée de traits obliques qui ne se trouvent point dans les individus que nous avons observés; il est donc probable qu'il n'en a vu qu'une variété, car nous ne saurions supposer qu'elle forme une troisième espèce.

Quoi qu'il en soit, voici la description de la nôtre: nous la donnons sur la même planche que celle de *Vaccinii*, et nous pouvons affirmer qu'elle en diffère constamment non-seulement par les dessins et les couleurs, mais encore par la nourriture et l'époque d'apparition, ainsi qu'on le verra dans leurs articles respectifs.

La chenille de *Spadicea* est d'un *brun d'écorce*, ou pour mieux dire *couleur de terre d'ombre*, finement marbrée de brun-jaunâtre. Vue à certains jours, elle a un aspect velouté; le plus souvent elle tire un peu sur le verdâtre, mais cette couleur ne lui est pas propre et doit être attribuée aux aliments dont elle se gorge avec avidité. La ligne vasculaire est très-déliée, à peine visible et souvent presque nulle. Elle est plus ou moins ombrée de brun de chaque côté, et cette ombre persiste toujours dans les incisions. Puis viennent les points trapézoïdaux, petits, légèrement cerclés de brun-roussâtre, et se confondant presque avec les marbrures du fond. De ces points, les deux antérieurs sont ordinairement plus marqués et souvent seuls visibles. La ligne sous-dorsale est fine, ombrée inférieurement de brun foncé, et *l'espace qui se trouve compris entre elle et la stigmatale est visiblement plus obscur que le fond.* Cette dernière ligne est médiocrement large, nettement coupée supérieurement, peu distincte inférieurement, de la couleur du ventre; elle porte les stigmates, qui sont entièrement noirs. Avec un peu d'attention, on distingue au-dessus de ceux-ci un petit point semblable aux trapézoïdaux; il y en a également deux au-dessous de la ligne stigmatale, puis les marbrures disparaissent et font place à la couleur du ventre, qui est d'un gris-verdâtre uni. La plaque de la nuque est d'un brun-noir velouté, mais non luisant; elle est marquée de trois lignes blanchâtres bien distinctes, et dont les deux latérales beaucoup plus marquées que la médiane. La tête est d'un brun-roux luisant, avec deux traits bruns plus ou moins marqués. Toutes les pattes sont de la couleur du ventre.

Dans le jeune âge, cette chenille est verte, et elle ne passe guère au brun qu'après la seconde ou la troisième mue. Elle vit alors sur les jeunes pousses du *prunellier* (*prunus spinosa*) et de *l'aubépine* (*cratægus oxyacantha*); mais quand elle approche de l'âge adulte, elle descend à terre, se nourrit d'une infinité de plantes basses, telles que les *rumex*, les *alsine*, les *plantago*, *etc.*, *etc.*, sous les feuilles desquelles elle se cache pendant le jour. *On commence à la trouver dès la fin d'a-vril ou le commencement de mai.*

Parvenue à toute sa taille vers le milieu de juin, elle s'enfonce en terre, où elle se file une coque ovoïde, médiocrement consistante, très-mêlée de grains de terre, et elle s'y transforme en une chrysalide luisante, d'un rouge-brun, à peau très-fine comme toutes celles des *Cerastis*, et terminée par une pointe.

Le papillon éclôt depuis le commencement d'octobre jusqu'à la fin de novembre ; il n'est point rare, et nous le croyons tout aussi ré-pandu que *Vaccinii*.

A. Guenée.

CÉRASTE DE L'AIRELLE.

CERASTIS VACCINII. Pl. 2. fig. 2. a. b.

Nocturnes. *Dup.* tom. iii. pag. 92. pl. 79. fig. 1 ?

ELLE a le port et la taille de l'*Erythrocephala*, dont elle est extrêmement voisine. Elle est d'*un brun plus ou moins vineux ou rougeâtre*, marbrée et striée irrégulièrement de gris sale, avec les lignes et les points de la même couleur, et conséquemment fort peu tranchés. La raie vasculaire est très-fine, le plus souvent interrompue, légèrement lisérée de brun - rougeâtre. La raie sous-dorsale est aussi presque toujours interrompue, et un peu ombrée inférieurement de la même couleur ; mais l'espace qui se trouve entre elle et la ligne stigmatale *est de la même nuance que le fond.* Les points trapézoïdaux sont peu marqués, cerclés de brun-rougeâtre; la ligne stigmatale est peu tranchée, d'un gris sale, le plus souvent fondue inférieurement avec la couleur du ventre; elle est un peu déprimée à l'endroit des stigmates, qui sont placés au-dessus et d'un noir profond. Au-dessus et en arrière de ceux-ci se voient deux
16

points semblables aux trapézoïdaux. On en distingue encore deux autres au-dessous de la ligne stigmatale, puis les marbrures cessent et le ventre devient d'un gris sale uni. La plaque de la nuque est d'un noir velouté, avec trois lignes blanchâtres, dont l'intermédiaire plus fine que les autres. Souvent le clapet anal est marqué, comme dans celle que nous figurons, d'un rectangle noir ou brun que limitent latéralement les lignes sousdorsales, qui y prennent une teinte d'un blanc-jaunâtre. La tête est d'un roux obscur, pointillé de brun, avec deux traits frontaux bruns.

Dans sa jeunesse cette chenille est d'un gris clair, teintée de violâtre ou entièrement violâtre. On ne commence guère à la trouver *que vers la fin de mai ou le commencement de juin.* Elle se nourrit alors principalement de feuilles de chêne (*quercus robur*); plus tard elle descend comme sa congénère la *Spadicea* , et mange alors les mêmes plantes basses que cette dernière.

Vers le commencement de juillet, où elle a atteint toute sa taille, elle entre en terre et s'y construit une coque assez peu consistante et très-mêlée de grains de terre. La chrysalide est cylindrico-conique, d'un brun-rouge, et ne diffère pas de toutes celles du même genre.

Cette espèce est si voisine de la *Spadicea* à

l'état parfait, qu'elle a jusqu'ici été confondue avec elle par tous les auteurs autres que Hubner. C'est pourquoi nous avons fait imprimer en caractère italique les différences les plus saillantes qu'on trouve dans leurs chenilles.

Quant aux papillons, leurs variétés se confondent presque entièrement. Aussi ne faut-il pas croire que celui-ci présente toujours des dessins aussi tranchés que celui qu'Hubner a figuré sous le nom de *Vaccinii*. Il est souvent aussi uniforme de ton que la *Spadicea*. Pour cette raison, il nous est impossible de décider si celui qu'a figuré et décrit notre collaborateur comme étant la *Vaccinii*, se rapporte à l'une ou à l'autre espèce. Nous pensons que dans son Supplément il décrira et figurera de nouveau ces deux *Cerastis* si voisines.

La *Vaccinii* n'est pas plus rare dans toute l'Europe que la *Spadicea*. Elle éclôt à peu près à la même époque.

A. GUENÉE.

PLUSIE GAMMA.

PLUSIA GAMMA. Pl. 1, fig. 1. a. b.

Nocturnes. *Dup*. tom. VII. 2ᵉ part. pag. 41. pl. 136. fig. 4.

COMME toutes celles du genre *Plusia*, cette chenille n'a que trois paires de fausses pattes.

Elle est d'un vert plus ou moins vif, le plus souvent cependant d'un vert-blanchâtre sale. Sa partie antérieure est effilée, et la partie postérieure au contraire renflée jusqu'au onzième anneau, qui est un peu relevé en bosse. Sur le dos, on aperçoit une ligne vasculaire plus foncée et transparente, irrégulière, continue, très-finement lisérée de blanchâtre; puis vient une ligne dorsale assez large, formée de marbrures irrégulières de cette dernière couleur; puis, au-dessous, une autre semblable, mais beaucoup plus fine et interrompue. Les points trapézoïdaux sont verruqueux, blanchâtres, donnant naissance chacun à un poil; les antérieurs sont plus gros que les postérieurs, et placés sur la ligne marbrée, qui forme un petit cercle pour entourer leur base.

La ligne stigmatale est mieux marquée que les autres, irrégulière, d'un jaune-blanchâtre, souvent bordée supérieurement de vert foncé. Elle porte les stigmates, qui sont d'un blanc-jaunâtre, cerclés de noir. Au-dessus, on voit sur chaque anneau un point semblable aux trapézoïdaux, et, au-dessous, on en distingue encore quelques autres, tous pilifères. Le ventre et toutes les pattes sont verts. La tête est aplatie, de la même couleur, et souvent elle porte un trait noir latéral.

Cette chenille est extrêmement commune dans toute l'Europe pendant toute la belle saison. Elle vit sur presque toutes les plantes basses, et se trouve de préférence dans les lieux humides ou ombragés. Parvenue à toute sa taille, elle se file une coque légère d'un blanc pur, et s'y change en une chrysalide peu luisante, tantôt entièrement noire, tantôt verte et noire comme celle de la *Festucæ*.

L'insecte parfait éclôt ordinairement au bout d'une quinzaine de jours, parfois plus tôt, et est très-commun partout. A. GUENÉE.

OBSERVATION. J'ai remarqué que les étés pluvieux sont plus favorables à la multiplication de cette espèce que les étés secs, témoin celui de 1816, pendant lequel elle était tellement commune dans le département du Nord où je me trouvais alors, que je la faisais lever par essaims, en marchant dans les champs qui bordent la route de St.-Amand à Tournay. DUPONCHEL.

PLUSIE DE LA FÉTUQUE.

PLUSIA FESTUCÆ. Pl. 1. fig. 2. a-c.

Nocturnes. *Dup.* tom. vii. 2ᵉ part. pag. 3o. pl. 135. fig. 3.

CETTE chenille s'éloigne notablement de celle de *Gamma*, et surtout en ce qu'elle est atténuée aux deux extrémités, quoique bien davantage antérieurement; en ce qu'elle est entièrement lisse et sans tubercules, et en ce qu'elle n'a point le dos du onzième anneau relevé en bosse.

Elle est rase, veloutée, d'un vert-bleuâtre ou jaunâtre, vif, un peu transparent. Le vaisseau dorsal figure en transparence une ligne plus foncée que le fond, et bordée par deux lignes fines, blanches, parallèles sur tous les anneaux, excepté sur le onzième, à l'extrémité duquel elles tendent un peu à se rapprocher. Puis viennent, de chaque côté, deux autres lignes également fines, blanches et parallèles, de sorte que la région dorsale en est entièrement rayée. La stigmatale est assez étroite, mais bien arrêtée, blanche; elle renferme les stigmates, qui sont d'un blanc-jaunâtre sans bordure foncée, du moins dans tous les individus que nous avons observés. A l'aide

f. 11.

de la loupe, on voit sur le corps quelques petits points noirs, dont chacun donne naissance à un poil presque imperceptible. La tête est petite, un peu globuleuse, d'un vert uni, ainsi que le ventre et toutes les pattes.

Quand cette chenille contracte ses anneaux, les articulations paraissent jaunâtres.

On la trouve parvenue à toute sa taille vers le milieu de juillet, sur une foule de plantes qui croissent sur les bords des ruisseaux, des rivières et des étangs, comme les différentes espèces de *carex*, le *sparganium erectum*, l'*arundo phragmites*, l'*iris pseudo-acorus*, la *festuca fluitans*, etc., etc. Mais elle préfère généralement les jeunes pousses du *carex riparia*, avec lesquelles on la nourrit fort bien en captivité.

Pour se métamorphoser, elle file, entre les feuilles ou contre les parois de la boîte, une coque molle, mais serrée, d'un blanc pur et toute composée de soie. La chrysalide est un peu allongée, d'un vert clair, avec toute la région dorsale d'un noir-brun. L'abdomen est obtus et terminé par un bouton conique muni de soies, dont deux plus longues et plus courbées que les autres. L'enveloppe des ailes se prolonge sur les anneaux de l'abdomen en un bouton court et obtus.

L'insecte parfait éclôt au bout d'une quinzaine de jours. Il se trouve assez communément dans une grande partie de l'Europe. A. GUENÉE.

CLÉOPHANE DE LA LINAIRE.

CLEOPHANA LINARIÆ. Pl. 1 , fig. 1. a-c.

Nocturnes. *Dup*. tom. vii. 1re part. pag. 156. pl. 110. fig. 6.

RÉAUMUR compare avec raison la forme de cette chenille à celle d'une sangsue : en effet, chaque fois qu'elle fait un mouvement, soit pour marcher, soit pour manger, ses deux extrémités s'allongent et s'atténuent sensiblement, pendant que sa partie intermédiaire s'élargit en s'aplatissant.

Elle est glabre, d'un gris-bleuâtre clair, avec cinq bandes longitudinales d'un jaune-citron, dont trois dorsales et deux latérales. Les intervalles qui séparent les trois premières sont coupés transversalement par des lignes et des taches triangulaires d'un noir de velours, très-rapprochées. L'espace qui existe entre ces mêmes bandes et les latérales est parsemé de points noirs de diverses grosseurs, qui se confondent avec les stigmates. Le ventre est d'un blanc-bleuâtre tirant sur le gris de perle, ainsi que les pattes membraneuses. Celles-ci ont un trait semi-lunaire jaune à la base, et sont marquées extérieu-

39

rement de quatre petits points noirs. La tête est également d'un blanc-bleuâtre et marquée de plusieurs points noirs, dont les deux supérieurs plus gros, les deux du milieu plus petits, et les inférieurs, au nombre de quatre, disposés en arc. Enfin les pattes écailleuses sont jaunes.

Cette chenille vit sur la *linaire vulgaire* (*linaria vulgaris*) et sur la *linaire rampante* (*linaria repens*). On la trouve depuis le commencement d'août jusqu'à la fin de septembre. Elle se tient collée contre les tiges qu'elle a dépouillées de leurs feuilles, ce qui la rend facile à découvrir. Sur le point de se métamorphoser, elle se construit une coque ovale d'un tissu serré blanchâtre, et mélangé en-dessus de débris de la plante à laquelle elle est fixée.

La chrysalide est brune, cylindrico-conique, avec la gaîne qui renferme la trompe et les pattes postérieures, très-longue, mince, détachée de l'abdomen et s'avançant au delà de l'extrémité anale. Cette chrysalide passe l'hiver, et l'insecte parfait en sort à la fin de mai ou au commencement de juin. Il aime à se reposer sur la vipérine et les fleurs de scabieuse.

Cette espèce se trouve dans une grande partie de l'Europe. Elle est commune aux environs de Paris, principalement sur la jetée du pont de Grenelle, où la linaire vulgaire croît abondamment.

CHARICLÉE DU PIED-D'ALOUETTE.

CHARICLEA (1) DELPHINII. Pl. 1 , fig. 2. a-c.

Nocturnes. *Dup.* tom. VII. 1re part. pag. 142. pl. 110. fig. 1.

ELLE est glabre, tantôt verdâtre et tantôt violâtre, avec quatre bandes longitudinales jaunes, dont deux sont dorsales et deux latérales : cellesci, placées sur les stigmates, sont à peine marquées et souvent absorbées par la couleur du fond. Elle est couverte en outre d'un grand nombre de points noirs, dont ceux du dos sont allongés et plus gros que les autres. Ces points sont disposés d'une manière régulière, et ceux qui bordent inférieurement la bande sous-dorsale, sont réunis deux par deux à la jointure de chaque anneau. La tête et les pattes participent de la couleur du corps, et sont aussi ponctuées de noir.

Cette chenille vit sur le *pied-d'alouette des champs* (*delphinium consolida*), mais plus sou-

---

(1) Genre établi par M. Curtis, entomologiste anglais.

40

vent, du moins aux environs de Paris, sur celui des jardins (*delphinium Ajacis*), qu'il soit double ou simple. On la trouve aussi quelquefois sur l'*aconit napel* (*aconitum napellus*) et l'*aconit tue-loup* (*aconitum lycoctonum*). Contrairement à ce que nous avons dit dans l'histoire de son papillon, sur de faux renseignements, elle croît assez rapidement; sortie de l'œuf à la fin de juin ou au commencement de juillet, elle est parvenue à toute sa taille vingt jours après. Elle s'enterre alors peu profondément pour se changer en chrysalide sans former de coque, et son papillon n'éclôt qu'en juin de l'année suivante. Cependant il arrive quelquefois qu'il se développe dans la même année, dans le courant d'août.

La chrysalide est cylindrico - conique, assez allongée, avec un tubercule à la tête, et deux épines très - fines et assez longues à l'anus. Elle est d'un brun - rougeâtre luisant, avec l'enveloppe des ailes plus clair et tirant sur le jaunâtre.

Cette jolie espèce, la seule de son genre en Europe, n'est pas rare en France. On trouve communément sa chenille dans tous les jardins de Paris où l'on cultive le *delphinium Ajacis*.

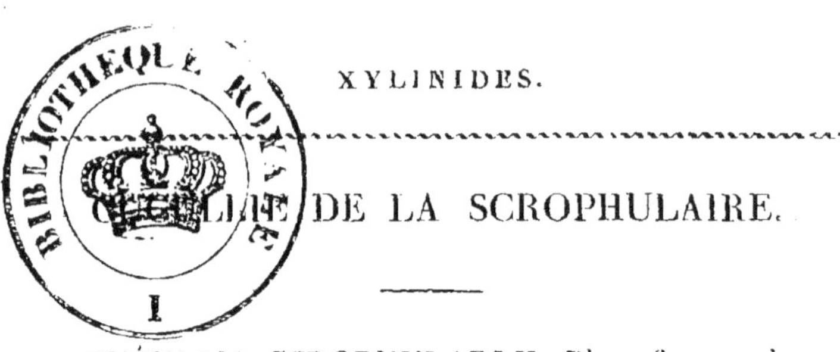

CUCULLIE DE LA SCROPHULAIRE.

CUĆULLIA SCROPHULARIÆ. Pl. 2. fig. 1. a-b.

Nocturnes. *God. Dup.* tom. 7. 1re part. pag. 396. pl. 124. fig. 3.

C'est à tort que, dans notre histoire de cette Cucullie, nous avons supposé, d'après l'autorité de M. Marchand de Chartres, qu'elle pourrait fort bien n'être qu'une variété de la *Verbasci.* Nous avons reconnu depuis qu'elle forme réellement une espèce distincte, et la description et la figure que nous donnons aujourd'hui de sa chenille en fourniront la preuve.

Cette chenille est d'un blanc mat légèrement bleuâtre, avec une tache d'un beau jaune sur le milieu de chaque anneau. La tache du premier anneau est divisée transversalement par deux rangées de points noirs, et il en est à peu près de même de celles du second et des trois derniers anneaux ; mais chacune de celles des anneaux intermédiaires est marquée de deux croissants noirs qui se touchent par leur convexité, de manière à former comme un x sur

15

le dos de chaque anneau. On voit en outre, sur les parties latérales de chaque segment, quatre gros points noirs disposés en carré, et au milieu desquels on aperçoit les stigmates qui sont également noirs et placés sur le bord d'une petite tache jaune souvent à peine marquée. La tête est jaune et marquée de dix points noirs et de quatre traits de la même couleur, disposés deux par deux, et dont ceux du milieu sont plus gros que les autres. Les pattes sont également jaunes, avec un point noir à la base de chacune. Le dessous du corps est d'un blanc-bleuâtre comme le dessus, avec une rangée transverse de petits points noirs sur les 1er, 2e, 3e, 4e, 5e, 11e et 12e anneaux. Ces points sont très-rapprochés, et plus nombreux sur les anneaux dépourvus de pattes.

Dans son jeune âge, cette chenille est entièrement jaune avec des points noirs. Dans l'âge adulte, ce qui la distingue principalement de celle de la *Verbasci*, c'est qu'elle n'a qu'une seule rangée dorsale de taches jaunes, tandis que celle-ci en a deux, indépendamment des taches jaunes latérales qui, chez cette dernière, sont toujours très-larges et se réduisent à des points à peine visibles dans la *Scrophulariæ*.

On trouve cette chenille en juillet sur les *scrophulaires aquatique et noueuse (scrophu-*

laria aquatica et nodosa), dont elle mange de préférence la fleur et le fruit. On la rencontre aussi quelquefois sur la *blattaire (verbascum blattaria*). Elle se métamorphose de la même manière que la *Verbasci*, et son papillon éclôt à la même époque. Sa chrysalide ne diffère de celle de cette dernière que par une plus petite taille.

La Cucullie de la *Scrophulaire* se trouve dans plusieurs parties de l'Allemagne et de la France. Elle n'est pas rare aux environs de Paris.

DUPONCHEL.

CUCULLIE DE LA MOLÈNE LYCHNIS.

CUCULLIA LYCHNITIS. Pl. 2 fig 2..

Lépidopt. de Corse. *Rambur.* Ann. de la Soc. ent. (1832).
tom. 11. pl. 1. fig. 3. c.

Elle est d'un blanc mat légèrement jaunâtre
ou verdâtre, avec une bande transverse d'un
jaune citron sur chaque anneau, bordée antérieurement par deux points noirs et postérieurement par deux lignes noires plus ou moins
fines suivant les individus, légèrement arquées
et se joignant sur le milieu du dos. Ces lignes
sont remplacées par des points sur les trois premiers anneaux ainsi que sur le dernier. On voit
en outre, sur les côtés de chaque anneau, quatre
points noirs disposés en losange, et dans le milieu desquels on aperçoit les stigmates qui sont
bruns. La tête est jaune et marquée de chaque
côté de cinq ou six points noirs, et l'on en voit
d'autres plus petits et plus nombreux au centre et vers la partie inférieure qui avoisine la
bouche. Les pattes écailleuses sont d'un blond
transparent et les membraneuses blanchâtres ,
avec leur extrémité jaune et un point noir à leur

15

base. Le ventre est de la couleur du reste du corps, et traversé, sur chacun des anneaux dépourvus de pattes, par une rangée de petits points noirs.

On rencontre quelquefois une variété dont le fond est entièrement jaune, avec les incisions plus pâles et quelques petits points noirs plus ou moins distincts qui rappellent le dessin des individus ordinaires.

La chrysalide ressemble à celle de la *Verbasci*, avec cette différence que la gaîne de la trompe et des pattes est beaucoup plus courte et n'atteint pas le dernier anneau.

Cette chenille vit sur tous les *verbascum* à tige rameuse, tels que *lychnitis*, *pulverulentum*, *nigrum*, *sinuatum*, *phœniceum*, etc., dont elle mange les fleurs et les fruits. Elle paraît plus tard que les autres. On la trouve en juillet et août, et son papillon éclôt en mai ou juin de l'année suivante.

M. Rambur est le premier qui ait distingué cette espèce de la *Scrophulariæ*, avec laquelle il paraît qu'on la confond encore en Allemagne. Elle se trouve dans toute l'Europe tempérée et méridionale. J'ai trouvé communément sa chenille dans les environs de Florac (Lozère), lors du voyage que j'y fis en 1833.

DUPONCHEL.

CUCULLIE DE LA TANAISIE.

CUCULLIA TANACETI. Pl. 2. fig. 3.

Nocturnes. *God. Dup.* tom. 7. 1ᵉ part. pag. 429. pl. 126. fig. 4.

Elle est d'un blanc luisant légèrement bleuâtre, avec cinq raies longitudinales d'un jaune citron, dont trois dorsales et deux latérales. Tout le corps est en outre parsemé d'un grand nombre de points et de petits traits noirs, dont quelques-uns plus gros que les autres, et tous rangés sy-métriquement. La tête, de la couleur du corps, est aussi ponctuée de noir, et les points y sont disposés sur deux lignes circulaires, à l'excep-tion de ceux du milieu, qui forment une espèce de triangle bordé de jaune extérieurement. Toutes les pattes sont d'un blanc-bleuâtre, avec un gros point noir à la base des membraneuses.

Le dessous du corps est aussi d'un blanc-bleuâtre et parsemé d'une multitude de petits points noirs.

Pour compléter cette description, nous devons ajouter que lorsqu'on examine cette chenille à la loupe, on s'aperçoit que la plupart des points noirs sont surmontés d'un petit poil de la même couleur.

Cette chenille vit non-seulement sur la *tanaisie* (*tanacetum vulgare*), comme son nom l'indique, mais encore sur l'*absinthe* (*artemisia absinthium*), l'*armoise* (*artemisia vulgaris*), l'*aurone* (*artemisia abrotanum*), la *matricaire* (*matricaria parthenium*), et enfin sur la *camomille* (*matricaria chamomilla*). C'est ordinairement en août qu'on la trouve parvenue à toute sa taille. Elle ne tarde pas alors à se former une coque ovoïde très-solide, composée, comme celle de la *Cucullia Verbasci*, de grains de terre réunis avec des fils de soie, tantôt dans l'intérieur de la terre, tantôt à sa surface.

Sa chrysalide est verdâtre, avec l'enveloppe des ailes et la gaîne de la trompe et des pattes d'un brun-jaunâtre. L'insecte parfait éclôt quelquefois en septembre de la même année, mais le plus souvent en juin de l'année suivante.

Cette espèce se trouve dans plusieurs contrées de l'Allemagne ainsi que dans le centre et le midi de la France. L'individu figuré m'a été remis par M. Bagriot, amateur zélé, qui l'a pris sur l'absinthe dans son jardin, à Vaugirard, près Paris.

Duponchel.

URAPTERIX DU SUREAU.

OURAPTERIX SAMBUCATA. Pl. 1. fig. 1—2.

Nocturnes. *Dup.* tom. v. 1re part. p. x99. pl. 184. fig. 1.

PARMI les chenilles qui ont reçu le nom expressif d'*Arpenteuses en bâton*, celle-ci n'est pas une des moins extraordinaires; il en est peu qui offrent une ressemblance aussi parfaite avec une petite branche de bois mort.

Elle est fort longue, très-effilée, surtout dans sa partie antérieure; en outre les premiers anneaux sont très-aplatis. Le troisième est renflé antérieurement, surtout sur le dos, et la paire de vraies pattes qu'il porte est notablement plus saillante que les deux autres. Le cinquième anneau est muni de chaque côté d'un appendice tuberculeux très-gros, un peu allongé, en forme de bourgeon, et cet anneau est en outre renflé sur le dos. Le septième porte, aussi sur la région dorsale, une protubérance bien saillante et un peu recourbée en avant, surtout quand la chenille affecte certaines poses. Quant aux anneaux suivants, ils sont plissés irrégulièrement, et bien

17

qu'au nombre de cinq, ils n'occupent pas plus de longueur qu'un seul des anneaux intermédiaires. Cette bizarre conformation, que présentent au reste toutes les chenilles arpenteuses, est ici plus prononcée que chez aucune autre. Le clapet anal se termine par deux pointes assez longues. La tête est assez forte, légèrement convexe, avec sa partie antérieure plus large et coupée presque carrément.

Après avoir décrit la conformation de cette chenille, nous allons maintenant parler de ses couleurs et de ses dessins (1).

----

(1) C'est ici le lieu de prévenir nos lecteurs que nous suivrons cette marche dans toutes nos descriptions de géomètres. Voici les raisons qui nous ont déterminé à l'adopter :

En entomologie comme en botanique, les couleurs ne peuvent être considérées que comme des caractères très-secondaires. Elles varient d'un individu à l'autre, soit pour l'intensité, soit pour les nuances, et il n'est point rare de rencontrer, dans une même espèce, dans une même localité, et souvent sur la même plante, des individus d'un jaune-clair ou d'un vert-pâle à côté d'autres individus d'un brun foncé ou d'un rouge vif ; une foule de chenilles de Noctuelles sont dans ce cas. Mais dans celles-ci au moins il reste à l'entomologiste les dessins qui, persistant presque toujours, du moins en partie, servent à rectifier les erreurs occasionnées par les différences de couleur, tandis qu'il est privé, la plupart du temps, de cette dernière ressource avec les Arpenteuses. A l'appui de cette assertion nous citerons.

Elle est d'un brun-jaunâtre ou rougeâtre, tirant sur la couleur de bois, avec plusieurs lignes longitudinales d'un brun plus clair. La plus visible de ces lignes est la sous-dorsale, qui est souvent interrompue. La vasculaire, au contraire, est plus foncée que le fond, et de couleur noirâtre, mais elle ne se voit guère que sur la partie antérieure des anneaux; elle est coupée, à la fin du troisième anneau, par une petite tache ar-

---

entre autres exemples, les chenilles des espèces nommées *Eliniguaria, Rhomboidaria, Bilineata, Psittacata, Venosata, Linariata, Minutata,* etc., et nous ne craignons pas de dire que presque toutes les chenilles des Phalénides présentent plus ou moins l'inconvénient dont nous venons de parler.

Dans un pareil état de choses il faudrait renoncer à distinguer les genres et les espèces dans cette immense tribu, si les formes ne venaient à notre secours. Heureusement celles-ci sont aussi bizarres et aussi variées que les dessins sont confus ou uniformes. C'est donc de ce côté que doivent se diriger nos études; car une fois la forme d'une Arpenteuse bien saisie, elle est plus d'aux trois quarts reconnue. C'est pourquoi nous commencerons par décrire d'abord minutieusement le port, l'habitus, les appendices, etc.; puis, dans un alinéa séparé, nous tâcherons de donner une idée des dessins et des couleurs. Nous croyons pouvoir promettre, d'après notre propre expérience, que cette division aidera singulièrement, dans leurs recherches, les entomologistes qui voudront reconnaître une chenille de Phalénide d'après nos descriptions.

rondie d'un jaune d'ocre qui manque quelquefois. La ligne stigmatale est très-sinuée, et elle est placée sur un bourrelet saillant. Les tubercules latéraux sont lavés de noir, et celui du septième anneau est ordinairement, au contraire, plus clair que le fond. La paire de fausses pattes du neuvième anneau est mi-partie de clair et de foncé. Le ventre est un peu rayé de gris. La tête et les pattes sont de la couleur du fond, parfois plus rougeâtres.

Cette chenille se tient droite et roide, fixée seulement par ses fausses pattes, et souvent elle incline ses trois premiers anneaux, non vers la terre, mais de côté, comme si elle était à moitié brisée. Elle reste dans cette attitude des journées entières, et il est alors très-difficile de la distinguer des branches auxquelles elle est cramponnée. Elle sort de l'œuf vers la fin de juillet, et en octobre, elle n'a encore atteint que la moitié de sa taille ; elle passe l'hiver et mange un peu chaque fois que le temps se radoucit. Au printemps elle continue de croître, et n'arrive à l'époque de sa transformation que vers le milieu de juin. C'est alors qu'elle commence la construction de sa coque, qui est une des choses les plus curieuses que l'on connaisse parmi les travaux des insectes. Cet article déjà trop long ne nous permet pas de décrire tous les moyens par

BOARMIE PARENTE.

BOARMIA CONSORTARIA. (pl. 1 , fig. 3. 4. 5.)

Nocturnes. *Dup.* tom. iv. 2ᵉ part. pag. 339. pl. 157. fig. 4.

Elle ressemble à une petite branche de chêne.
Elle est sub-cylindrique lisse, mais non luisante.
Le cinquième anneau est pourvu de deux appendices en forme de bourgeons, placés de chaque
côté de la région dorsale, de telle sorte qu'on
pourrait les comparer trivialement aux anses
d'un canon. A l'extrémité de ces appendices est
une petite pointe mousse, blanchâtre, rétractile
à la volonté de la chenille; l'appendice lui-même
diminue de volume ou se renfle suivant l'occasion (1). Sur le onzième anneau on voit deux petites épines courtes, noires, portant chacune un
poil. Le clapet anal est tronqué à son extré-

____

(1) Cette faculté que possède la chenille, dont il est question, de retirer ou de renfler à volonté ses caroncules, ne
lui est pas exclusivement propre. Nous l'avons observée
également dans plusieurs autres Arpenteuses, et dans les
Notodonta, Tritophus, Zic-Zac, etc. Nous la croyons même
propre à toutes les chenilles ainsi conformées.

17

mité et terminé par deux poils divergents; au-
dessous on voit deux petites pointes charnues à
sommet tronqué, et entre elles une troisième
de même nature, qui est surtout visible quand
la chenille rend ses excréments. Au reste, cette
structure des parties anales lui est commune
avec beaucoup d'autres Arpenteuses. La tête est
aplatie par devant, presque carrée, et un peu
déprimée, mais non échancrée au sommet.

La couleur de cette chenille varie beaucoup;
elle est tantôt roussâtre, tantôt d'un verdâtre
très-clair, mais le plus ordinairement d'un gris
cendré ou verdâtre. La ligne vasculaire est visible surtout dans les individus clairs, et forme
un point noirâtre dans chaque incision antérieure. Les points trapézoïdaux sont petits,
mais bien distincts, noirs. Les stigmates sont
assez gros, gris cerclés de noir, et, en arrière
d'eux, l'arête latérale forme sur les anneaux intermédiaires, une tache noirâtre, un peu saillante.
Les tubercules du cinquième anneau sont noirâtres. La tête est de la couleur du corps, avec
deux sourcils noirs, superposés, séparés entre
eux par une teinte blanche, marquée dans le milieu d'un petit point noir. Le ventre est marqué
d'une ligne longitudinale claire ou jaunâtre, de
chaque côté de laquelle se voit, sur chaque anneau, un point noir. Entre les fausses pattes, la

teinte du ventre est d'un blanc-bleuâtre ou verdâtre.

On trouve cette chenille sur le *chéne* (*quercus robur*). Les auteurs qui nous ont précédé
lui assignent pour nourriture une foule d'arbres
et d'arbrisseaux d'espèces éloignées, et pas un
d'eux n'a placé le chêne dans leur énumération.
Pour nous c'est à peu près exclusivement sur
cet arbre que nous l'avons trouvée, à maintes
fois différentes, et en grande quantité, car elle
est commune. C'est en août et septembre qu'on
la rencontre à toute sa taille.

Pour se chrysalider, elle entre en terre et ne
construit pas de coque. La chrysalide est cylindrico - conique , un peu chagrinée, d'un rouge-
brun , avec l'enveloppe des ailes d'un vert très-
foncé ou noir. Sa partie postérieure se termine
par une seule pointe longue et légèrement bifide
à son extrémité.

Le papillon éclôt dans le courant de juin. Il
y a des années, comme des pays, où il a deux
générations·

A. GUENÉE.

BOARMIE LIVIDE.

BOARMIA LIVIDARIA. Pl. 11. fig. 1. a-c.

CETTE chenille, de forme cylindrique, est plus courte qu'allongée. Elle est glabre, ridée transversalement, et d'un gris cendré, avec un collier de couleur fauve ou aurore, qui n'est bien visible que lorsque la chenille s'allonge, soit pour marcher, soit pour manger. Le onzième anneau est surmonté de deux petites verrues coniques et très-rapprochées par leur base. Les points nommés trapézoïdaux par M. Guenée, et qui sont plus ou moins visibles sur toutes les chenilles, sont ici très-apparents, surtout ceux du dos des sixième et septième anneaux, qui sont plus gros et plus saillants que les autres. Tous ces points sont noirs comme les deux verrues du onzième anneau. La couleur du fond, qui est grise, comme nous l'avons dit plus haut, est nuancée de blanc à certaines places, particulièrement le long et au-dessus des stigmates. Ceux-ci sont jaunâtres, très-petits et placés chacun sur une tache noire située obliquement sur les côtes de chaque anneau, et accompagnée pos-

17

térieurement d'un point fauve ou aurore. Ces taches et ces points se voient sur tous les anneaux, excepté sur les trois premiers qui en sont dépourvus. On voit en outre sur chacun d'eux des lignes noirâtres disposées en losange, et au centre de chacune de ces losanges une tache de la même couleur qu'elles; cette tache est plus grande et plus foncée sur les sixième et septième anneaux, où elle est d'ailleurs entourée de blanchâtre. Dans l'état de repos, la tête est en partie enfoncée sous le premier anneau; elle est presque carrée, peu convexe, avec deux taches noires dans sa partie supérieure. Les pattes écailleuses sont noires, et les membraneuses grises comme le dessous du corps.

Je dois la connaissance de cette chenille, qui n'est décrite ni figurée dans aucun ouvrage à ma connaissance, à M. Moreau, de Nuits, qui, le premier, paraît en avoir fait la découverte en France, et a bien voulu m'en envoyer deux individus vivants, en accompagnant cet envoi des renseignements suivants, dans sa lettre du 1er juin 1840.

« Je ne connaissais pas, m'écrit-il, la *Geom.* « *Lividaria*, lorsque je pris sa chenille pour la « première fois en 1820. Je la trouvai en battant « des prunelliers croissant sur la montagne; peu « de jours après, elle mourut. En mai 1838, dix-

« huit ans après, en retournant des pierres, j'en
« retrouvai une ; je fouillai avec soin les buissons
« voisins, et j'en pris encore cinq. Tous les pru-
« nelliers de la localité me passèrent par les mains,
« mais inutilement. Dans les premiers jours de
« juin, mes chenilles se chrysalidèrent ; malheu-
« reusement, je n'avais que de la terre de jardin
« à leur donner, et quatre de mes chrysalides se
« desséchèrent complétement : les deux autres
« me donnèrent mâle et femelle d'un insecte
« crispé de telle sorte qu'il me fut impossible de
« reconnaître ce que ce pouvait être ; mais pour-
« tant je pus m'assurer que cette espèce n'était
« pas figurée dans votre ouvrage (1).

« En mai 1839, je pris quatre individus de mon
« inconnue, qui se chrysalidèrent, comme l'an-
« née précédente dans les premiers jours de juin,
« et un mois après, c'est-à-dire dans les premiers
« jours de juillet, je vis arriver deux mâles et une
« femelle. J'avais grande envie de les faire accou-
« pler ; mais pour cela il fallait en sacrifier deux,
« et je n'en eus pas le courage. Mais cette année
« (1840), je suis largement pourvu, et je n'y man-
« querai pas.

---

(1) La *Boarmie Livide* n'est pas figurée en effet dans
mon ouvrage, parce qu'alors elle ne m'était pas encore connue ; mais elle sera comprise dans le Supplément aux nocturnes, que je termine en ce moment.

« Cette chenille passe l'hiver; je l'ai prise en
« décembre de l'année dernière sous des pierres,
« et quelquefois collée sur le tronc du prunellier,
« mais plus rarement. Cette chenille, alors très-
« petite, est-elle le produit d'une seconde géné-
« ration? C'est ce que je ne puis vous dire; mais
« je ne le pense pas: sa croissance est trop lente
« pour que le papillon donne deux fois dans l'an-
« née. Au mois d'avril, lorsque les boutons du
« prunellier qui doivent donner des feuilles com-
« mencent à grossir, cette petite chenille monte
« sur les rameaux et attaque la sommité de ces
« boutons. »

Quant à la chrysalide dont M. Moreau ne dit
rien dans sa lettre, parce qu'il a présumé que
je l'obtiendrais des deux chenilles qu'il m'a en-
voyées (ce qui a eu lieu en effet), elle n'offre
rien de particulier. Elle est cylindrico-conique,
comme toutes celles du même genre, finement
chagrinée et d'un noir luisant, avec quatre petites épines divergentes à la pointe de l'anus.

M. Treitschke ne parle pas de la Boarmie Livide, dans son ouvrage sur les lépidoptères
d'Europe; ce qui fait supposer qu'elle est rare
en Allemagne; cependant elle est figurée dans
Hubner. M. Donzel de Lyon m'avait communiqué l'insecte parfait trouvé par lui dans les environs de cette ville, avant que M. Moreau m'en
eût envoyé la chenille.   DUPONCHEL.

ENNOMOS ILLUSTRE.

ENNOMOS ILLUSTRARIA. Pl. ii. fig. 2. a-c.

Nocturnes. *Dup*. tom. vii. 2ᵉ part. pag. 159. pl. 144. fig. 4 et 145. fig. 2.

Pour donner une idée plus juste de cette chenille, nous l'avons représentée deux fois dans l'état de repos, savoir : vue sur le dos et vue de profil. Elle est entièrement glabre, atténuée antérieurement et renflée postérieurement, avec la tête petite et arrondie. Le premier anneau n'est guère plus large que celle-ci à sa jonction avec elle; il s'élargit ensuite insensiblement jusqu'au second qui est très-renflé, ainsi que le troisième. Les 4ᵉ, 5ᵉ et 6ᵉ sont plus étroits, presque cylindriques et d'égale grosseur. Les 7ᵉ et 8ᵉ sont une fois plus gros que les précédents. Le 9ᵉ l'est un peu moins, et les trois derniers se rétrécissent graduellement jusqu'à l'anus. Le 4ᵉ, le 7ᵉ et le 8ᵉ anneau sont en outre surmontés chacun de deux tubercules, qui sont surtout très-prononcés sur les deux derniers, où ils ont la forme de loupes ou de nodosités. Mais ce qui se remarque principalement dans cette chenille, comme

17

dans toutes celles du même groupe, c'est l'espèce
de mamelon rétractile qui supporte la troisième
paire des pattes écailleuses. Ce mamelon, lorsque la chenille prend l'attitude du repos, s'allonge et s'écarte de la partie antérieure du corps,
de manière à donner à celui-ci l'apparence d'une
petite branche, dont le sommet est bifurqué; et
ce qui augmente encore l'illusion, c'est la couleur de la chenille qui se confond avec celle de
la véritable branche qui la soutient, et avec qui
elle semble faire corps : en effet, cette couleur
est un mélange de brun, de gris, de roussâtre,
de verdâtre et de ferrugineux, qui ressemble
parfaitement à celle de l'écorce des jeunes rameaux, et dont la description, aussi longue que
fastidieuse, n'apprendrait rien de plus au lecteur,
que la figure jointe au texte. C'est pourquoi nous
nous abstiendrons de la faire.

La chenille de l'*Ennomos Illustraria* vit sur
plusieurs espèces d'arbres, mais principalement
sur le *bouleau*. Lorsqu'elle est parvenue à toute
sa taille, elle s'enveloppe d'une feuille ou deux,
dans l'intérieur desquelles elle se file une coque
grise d'un tissu léger, qui laisse apercevoir la chrysalide. Celle-ci est cylindro-conique, d'un brun-
jaunâtre luisant, avec l'abdomen terminé en pointe
aiguë. On trouve cette chenille à deux époques :
d'abord en juin, puis en août et septembre. Les

papillons de la première époque éclosent en juillet, et ceux de la seconde en mai de l'année suivante, après avoir passé l'hiver en chrysalide. Il est à remarquer que ces derniers ont le fond des ailes d'un blanc-jaunâtre, avec les taches d'un brun foncé, tandis que ceux qui éclosent en été ont ce fond lavé de rose, et les taches couleur cannelle. Ces différences de couleurs, jointes à celles des époques, ont fait supposer l'existence de deux espèces; mais il est aisé de se convaincre du contraire en se donnant la peine d'élever des chenilles provenant d'œufs pondus par une femelle à fond rose, comme l'ont fait deux amateurs de ma connaissance, MM. Bagriot et Penzac : on verra que les papillons qui en proviennent sont tous à fond blanchâtre, avec les taches d'un brun-café. Au reste, c'est ici un cas analogue à celui des Vannesses *Prorsa* et *Levana*, qui présentent entre elles une différence bien plus tranchée, et qui cependant sont reconnues aujourd'hui ne former qu'une même espèce.

L'*Ennomos Illustraria* est assez rare aux environs de Paris; on se procure quelquefois sa chenille en battant les bouleaux.

DUPONCHEL.

AVERTISSEMENT.

DE tous les ouvrages d'entomologie, il n'en est peut-être pas d'une exécution plus difficile, sous le rapport matériel, qu'une *Iconographie des chenilles* : en effet, ces insectes ne pouvant être conservés après leur mort que soufflés, ou plongés dans l'esprit-de-vin, deux procédés qui altèrent également leur forme et leurs couleurs, on est obligé, si l'on veut en donner une idée exacte, de les peindre et de les décrire pendant qu'ils vivent, et par conséquent de profiter pour cela de leur courte apparition, qui n'a lieu qu'une fois l'an pour la plupart des espèces, de sorte qu'on est remis à l'année suivante si on en laisse passer l'époque. D'un autre côté, comme il ne suffit pas de représenter les chenilles dans leur premier état, qu'il faut aussi donner la figure de leur chrysalide, et du cocon dont elle est souvent enveloppée, de là la nécessité de les nourrir en captivité jusqu'à ce qu'elles aient subi cette métamorphose; et comme on ne sait pas toujours d'avance le papillon qu'elles doivent produire, de là aussi l'obligation d'attendre leur dernière transformation pour les rapporter chacune à son espèce.

Les personnes qui s'occupent d'élever des chenilles savent combien cette éducation exige de soins et de précautions pour réussir; on n'en obtient d'heureux résultats qu'en plaçant ces petits animaux dans la condition la plus rapprochée de celle qu'ils subiraient dans l'état de liberté, et surtout en renouvelant souvent leur nourriture. Tout cela est facile, jusqu'à un certain point, quand on habite une campagne à portée des bois; mais il n'en est pas de même pour celui qui, habitant une grande ville, comme Paris, est obligé d'aller chercher à deux lieues de sa demeure les plantes presque toujours agrestes dont il a besoin pour faire vivre sa petite ménagerie. Telle est ma position, depuis que j'ai entrepris mon *Iconographie des chenilles*, et j'avoue que le courage pour la continuer commençait à me manquer, lorsqu'un entomologiste aussi zélé qu'instruit, M. Guénée de Châteaudun, est venu le ranimer en m'offrant sa collaboration dans cette œuvre ardue. Je l'ai acceptée, avec d'autant plus d'empressement, que cet entomologiste habitant la campagne presque toute l'année, et pouvant donner tout son temps à l'étude des insectes, a élevé un grand nombre de chenilles, qu'il a peintes lui-même, dans leurs divers états, avec autant de goût qu'il a mis d'exactitude à les décrire. C'est donc avec des matériaux aussi précieux qu'abondants qu'il s'est présenté pour venir à mon aide.

M. Guénée a d'ailleurs fait ses preuves comme auteur; indépendamment de plusieurs mémoires intéressants qu'il a fait insérer dans les Annales de la Société entomologique de France, il publie, conjointement avec M. de Villiers, conservateur du Muséum d'histoire naturelle de Chartres, un ouvrage conçu sur un nouveau plan, et ayant pour titre : *Tableaux synoptiques des Lépidoptères d'Europe, etc.* (1). Ainsi l'on voit que je ne pouvais m'adjoindre un collaborateur plus capable, et MM. les souscripteurs seront sans doute d'autant plus satisfaits de ma détermination, qu'il en résultera nécessairement plus de rapidité dans la marche de l'ouvrage.

Pour que nos articles puissent être distingués les uns des autres, chacun d'eux portera la signature de son auteur, et par la même raison le nom de M. Guénée sera mis au bas des planches gravées d'après ses dessins.

Paris, le   septembre 1836.

DUPONCHEL.

(1) Le premier volume de cet ouvrage qui traite des *Diurnes*, est en vente, chez Méquignon-Marvis, libraire-éditeur, rue du Jardinet, n° 13, à Paris.

Sphingides.

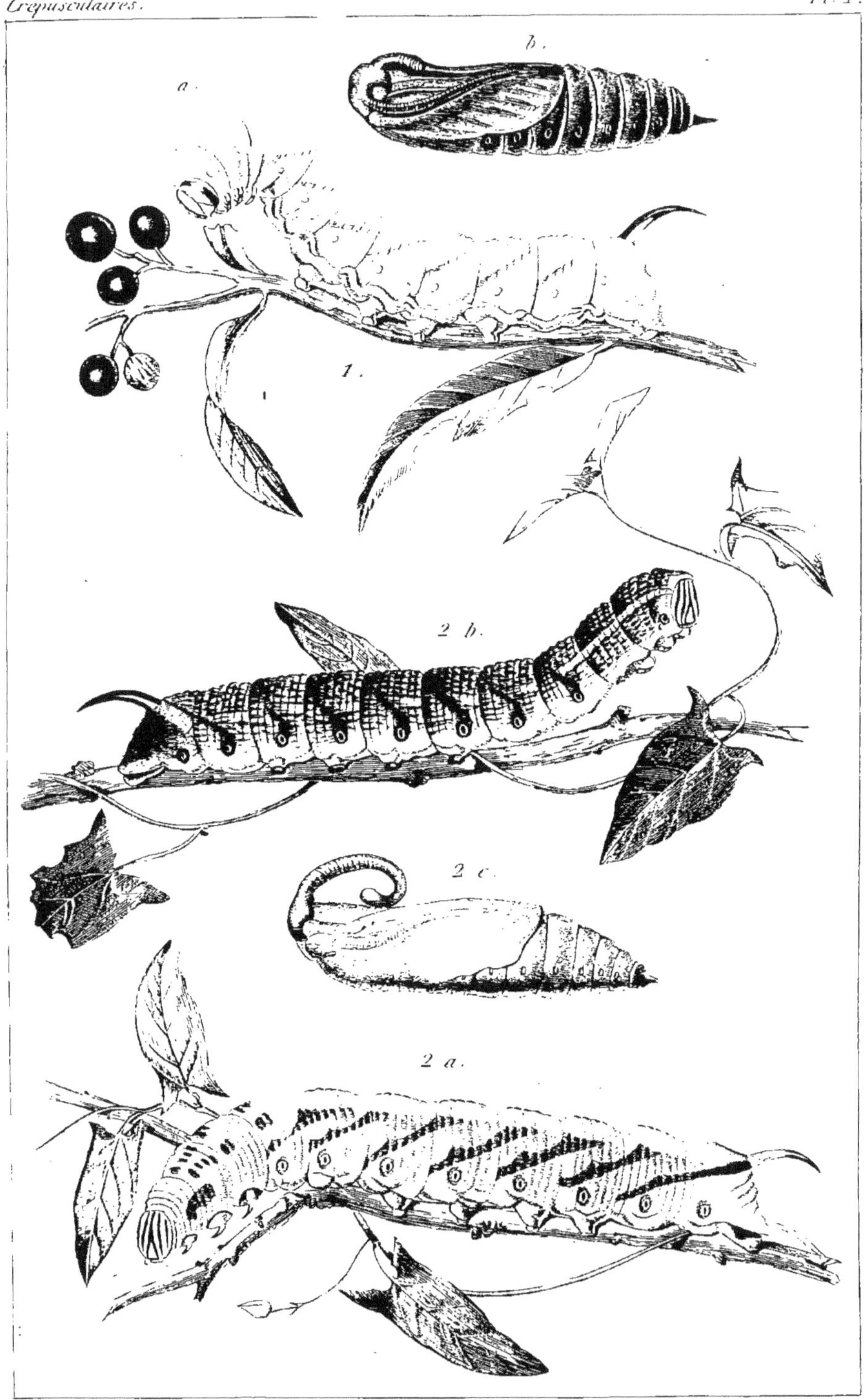

Jourdin-Pellieux & Delarue pinx.   Carbié sc.

1. *a, b.* Sphinx du Troène *(Ligustri.)*   2. *a – c.* Sphinx du Liseron *(Convolvuli.)*

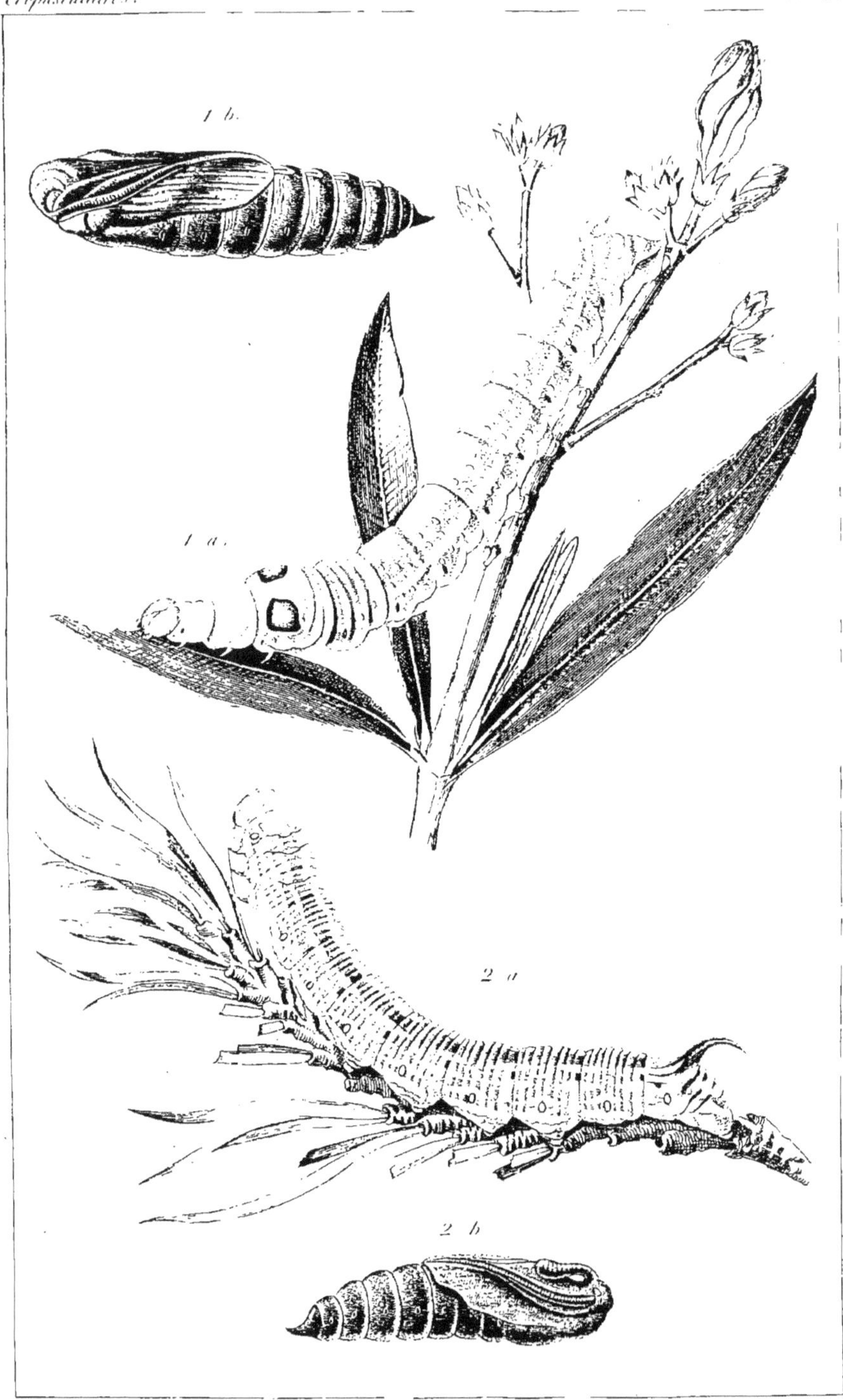

Jourdan-Pelleus & Delarue pinx.   Corbié sc.

1. *a, b.* **Deiléphile** du Nérion *(Nerii.)*   2. *a, b.* **Sphinx** du Pin *(Pinastri.)*

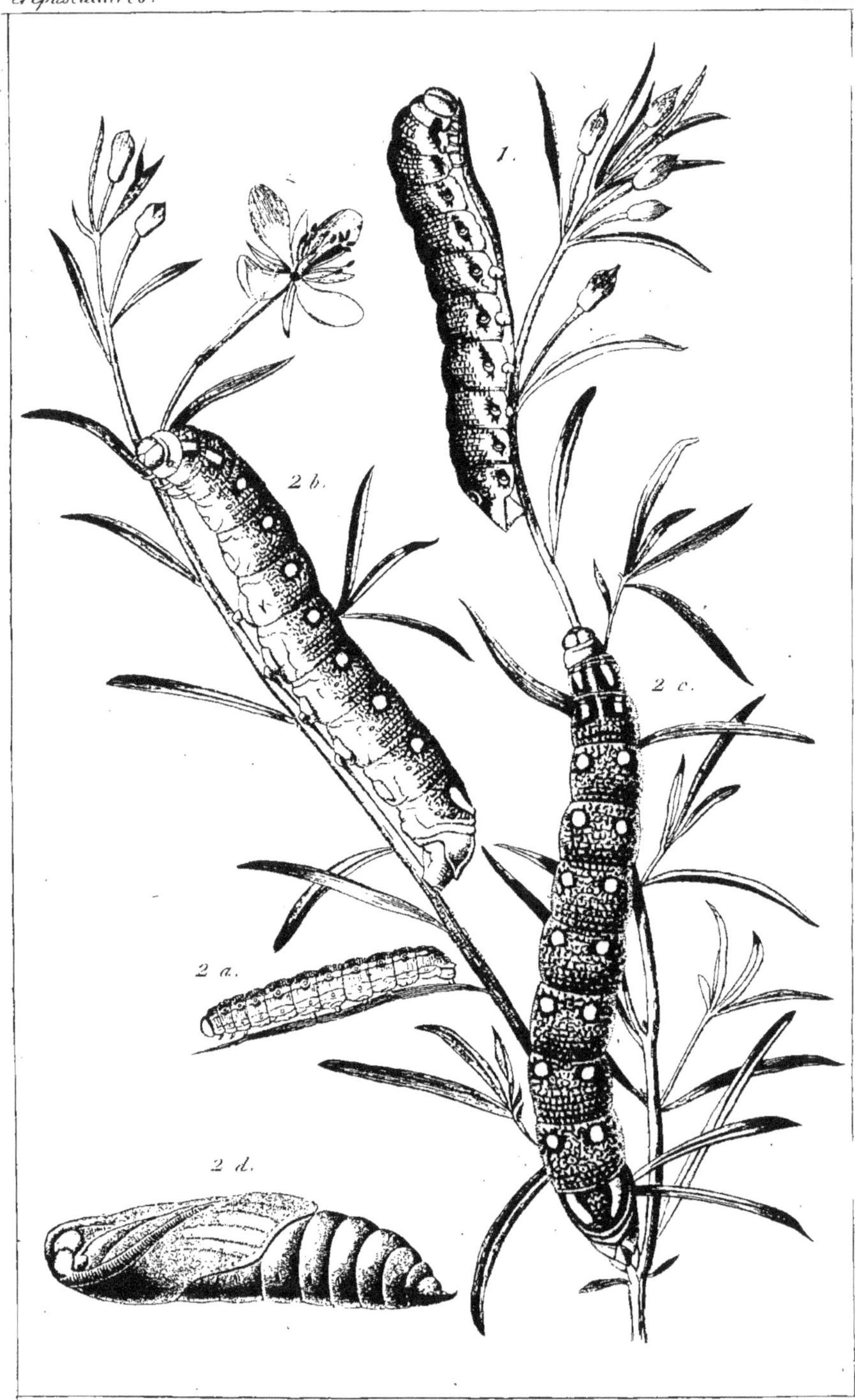

1. Ptérogon de l'Oenothère *(Oenotheræ)*   2. *a–d*. Deiléphile Vespertilio *(Vespertilio)*

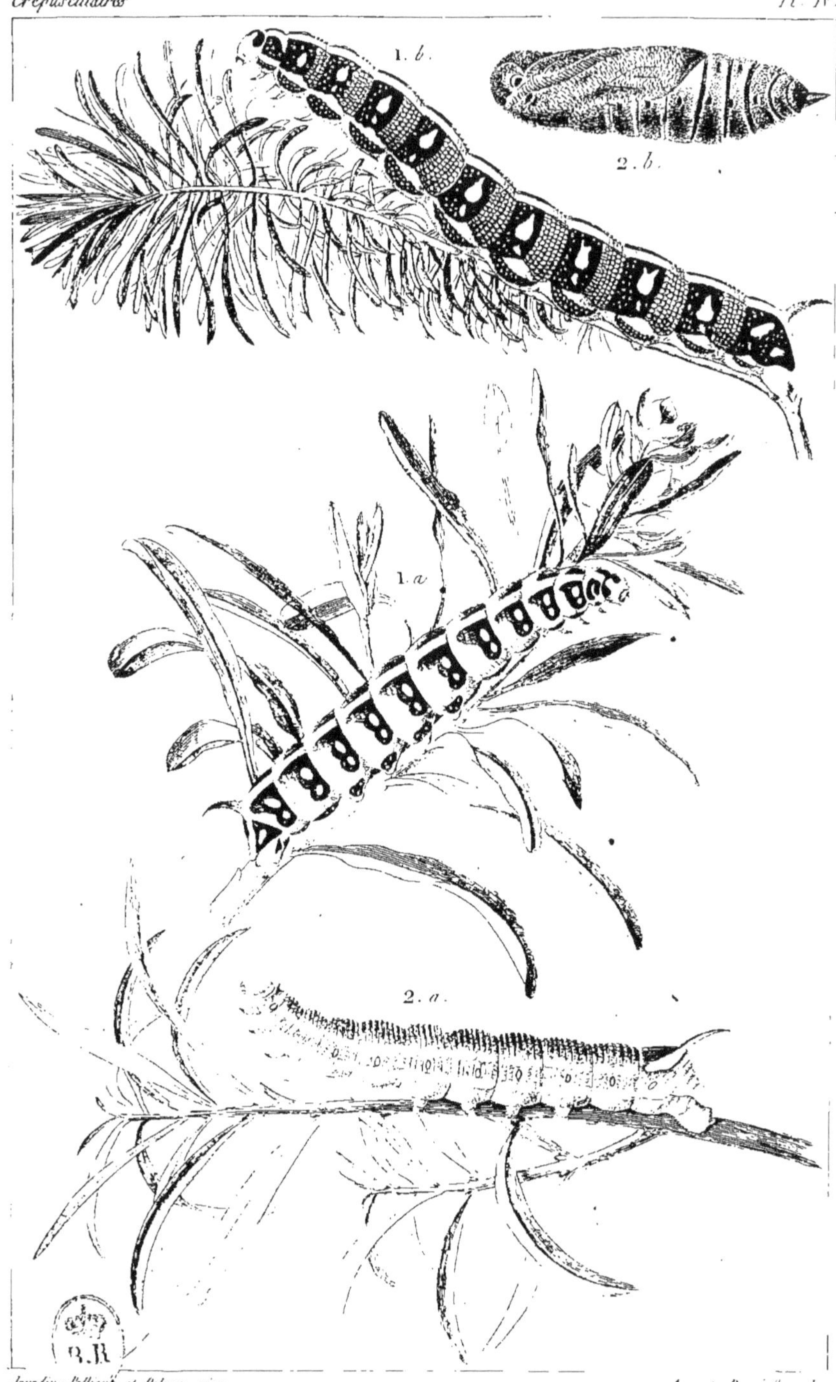

1 a. **Déiléphile** du Tithymale *(Euphorbiæ)* avant la dernière mue.

1 b.   **id.**   id.   *(id)* parvenue a toute sa Taille.

2 a.   **id.**   de l'Hippophaé *(Hippophaes)* 2. b. Sa Chrysalide.

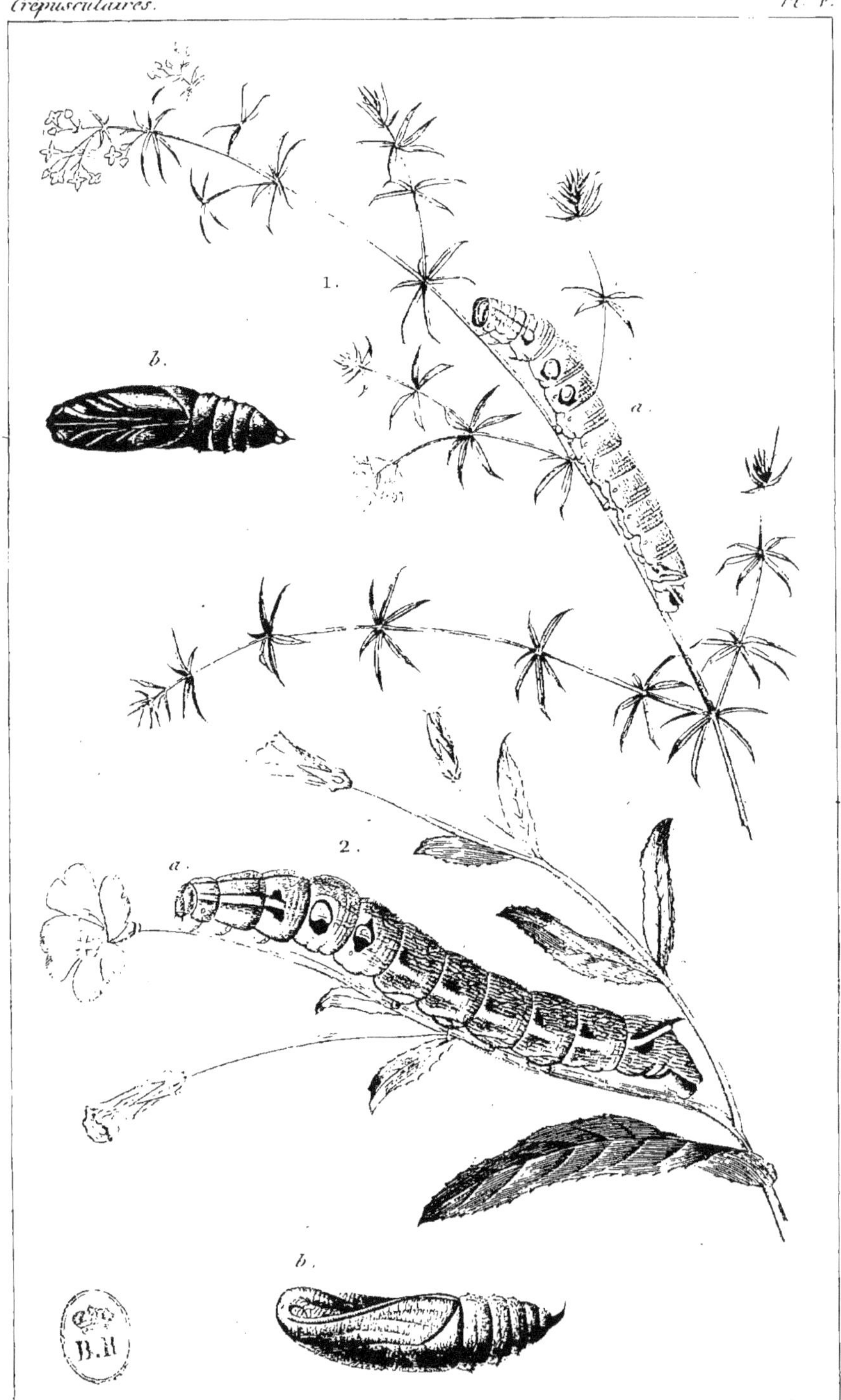

Jourdin-Pellieux & J. Delarue pinx.   Corbié sc.

1. *a, b.* **Déiléphile** Petit pourceau *(Porcellus.)*
2. *a, b.*   idem   de la Vigne *(Elpenor.)*

J. Delarue *pinx.*

Corbié *sc.*

Brachyglosse Tête de mort *(Atropos.)*

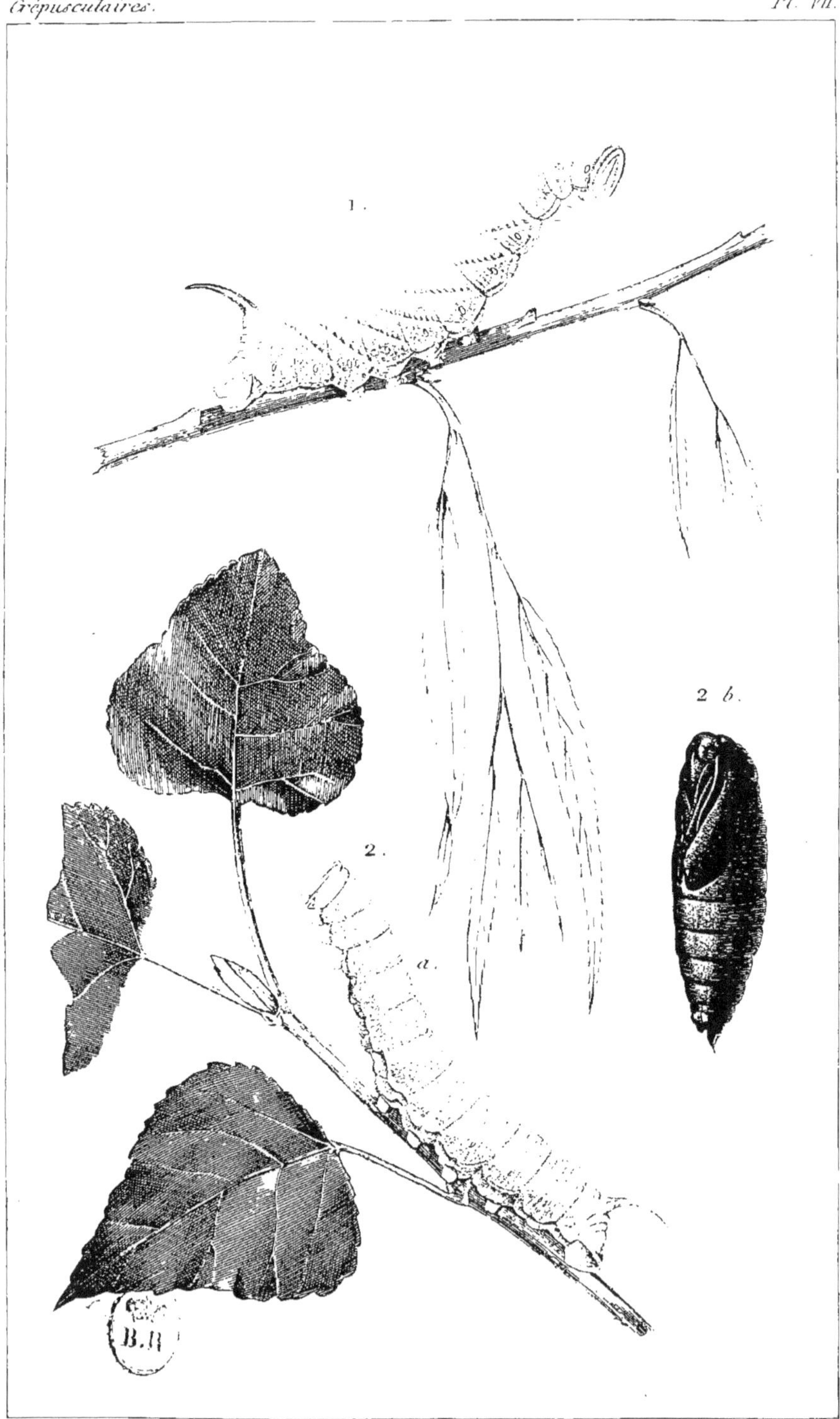

J. Delarue pinx

Corbié sc.

1. Smérinthe demi-paon *(Ocellata.)*
2. a. b.   idem   du Peuplier *(Populi.)*

Sphingides.

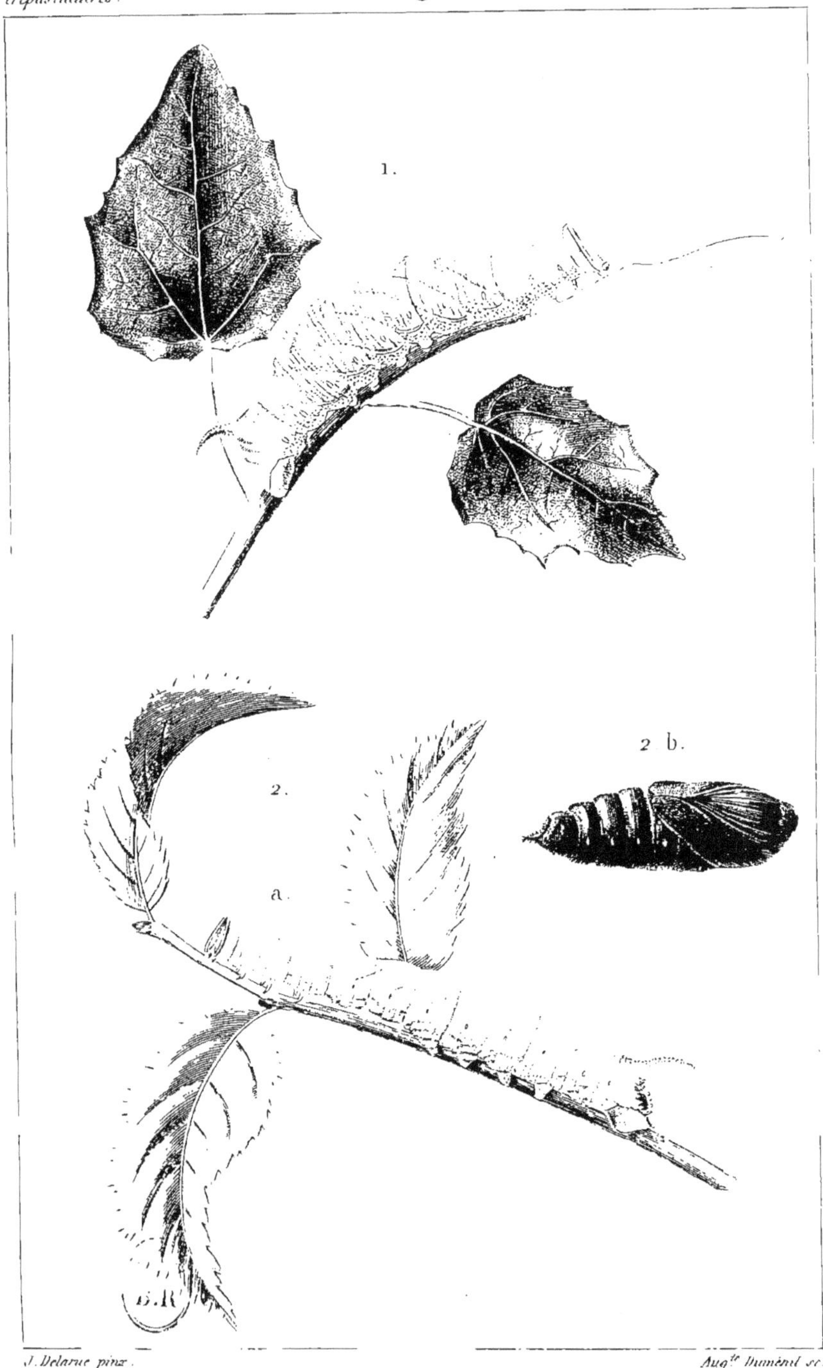

J. Delarue pinx.

Aug.te Dumenil sc.

1. Smérinthe du Tremble (*Smerinthus Tremulæ*)
2. a.b. id.   du Tilleul (*Tilia*)

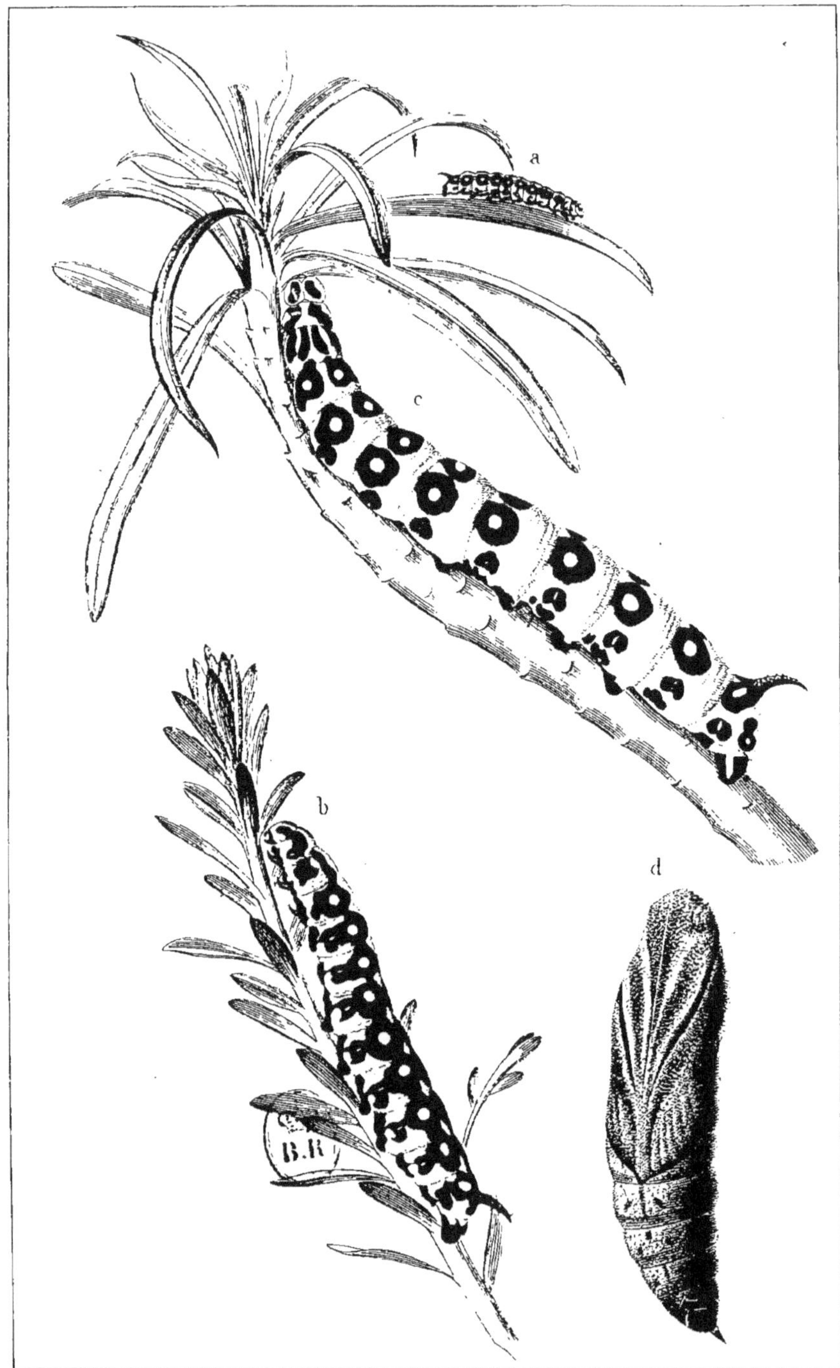

Déiléphile Nicéa *(Deilephila Nicœa)*

a. Chenille *avant la première mue.* b. Chenille *après la seconde mue.*

c. Chenille *après la dernière mue.* d. Chrysalide

Delarue pinx.

Augte Duménil sc.

1. a-b. Smerinthe du Chêne *(Smerinthus Quercus)*

2.   id.   du Peuplier *(id.   Populi)* Var.

1. a-d. Macroglosse Bombyliforme *(Macroglossa Bombyliformis)*
2. a-c.   id.   Moro-Sphinx (id.   Stellatarum)

Bombycites.

Jourdin-Pelteuse & J.Delarue pinx.   Aug. Dumenil sc.

Saturnie Grand Paon *(Saturnia Pyri)*   *a*. Chenille avant sa première mue.
b. id. parvenue à toute sa taille.   *c*. Coque.   *d*. Chrysalide.

Bombycites.

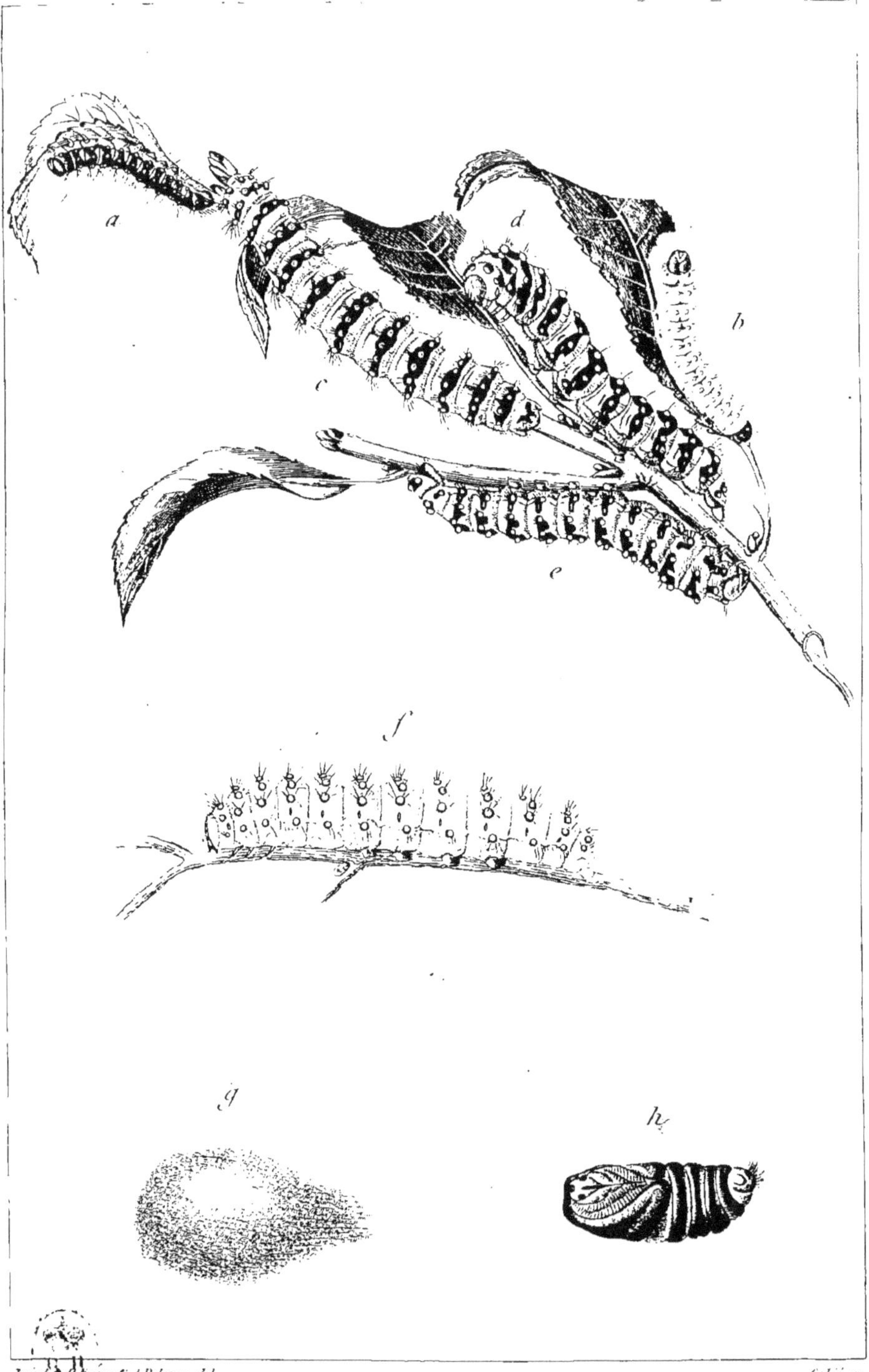

Jouglet-Arhens & J.Delarue del. Corbié sc.

Saturnie petit Paon (*Saturnia carpini*) *a, b.* Chenilles dans leur jeune âge. *c, d, e, f.* Chenilles après la dernière mue. (diverses variétés.) *g.* Coque. *h.* Chrysalide.

J. Delarue pinx. Corbié sc.

1. *a—d.* Mégasome recourbé (*Megasoma repandum.*)

1 . a, b. Bombyx du Chêne (*Quercus*)
2 . a, b.   id.   du Trèfle (*Trifolii*)

Bombycites.

Delarue del.

Aug.ᵉ Duménil sc.

1. a. b. Lasiocampe Buveuse (*Potatoria*)
2.   idem.   du Prunier (*Pruni*)

Bombycites.

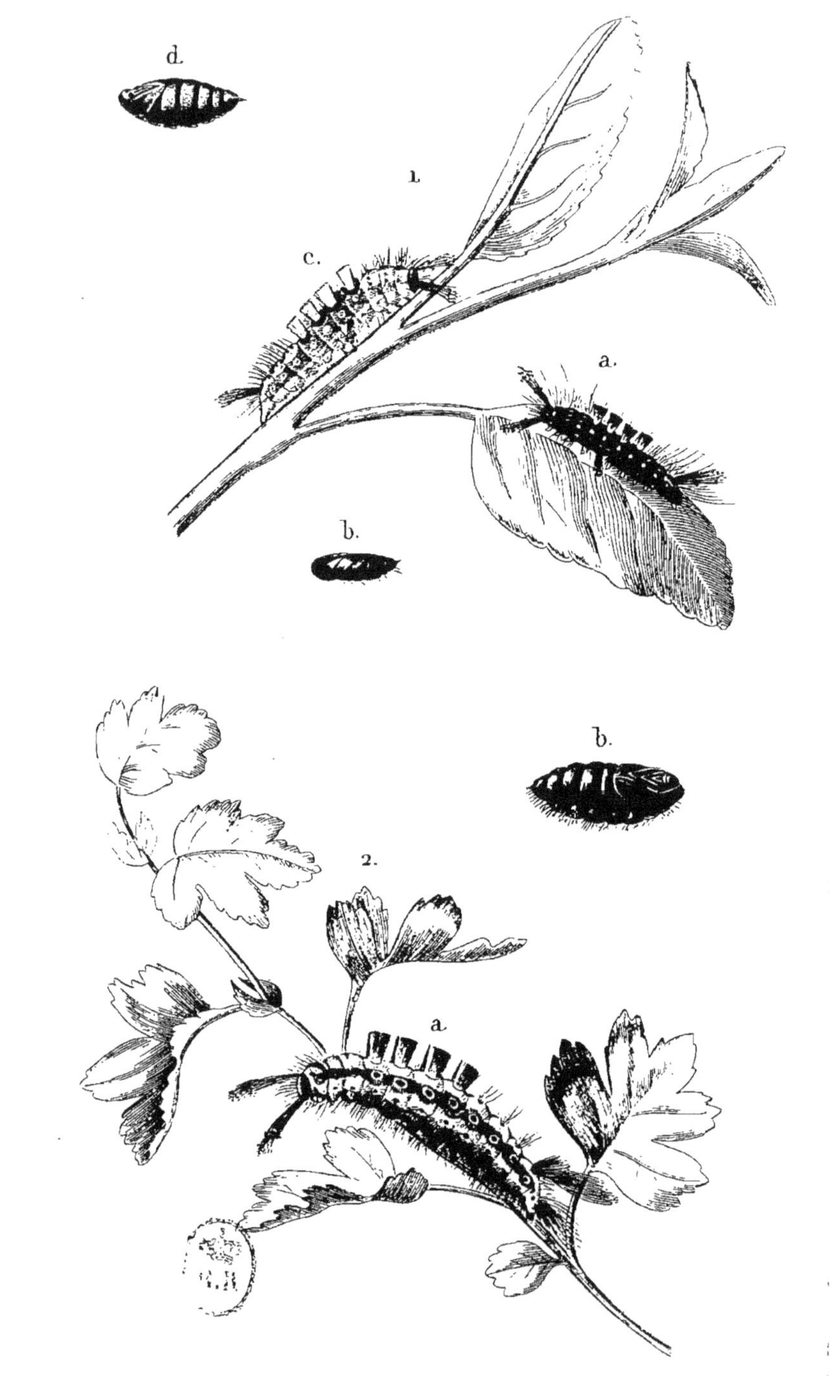

Delarue del.

Aug.te Dumenil sc.

1. Orgye Antique   *(Orgya Antiqua)* a. b. ♂ c. d. ○

2. id.   Gonogstigma *(id   Gonogstigma)* a. b. ○

1. a. b. **Bombyx** des Buissons *(Bombyx Dumeti)*
2. a b. **id.** de la Ronce *(id. Rubi)*

Bombycites.

Nocturnes. *Pl. VIII.*

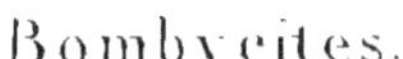

J. Delarue del. *Aug.te Duménil sc.*

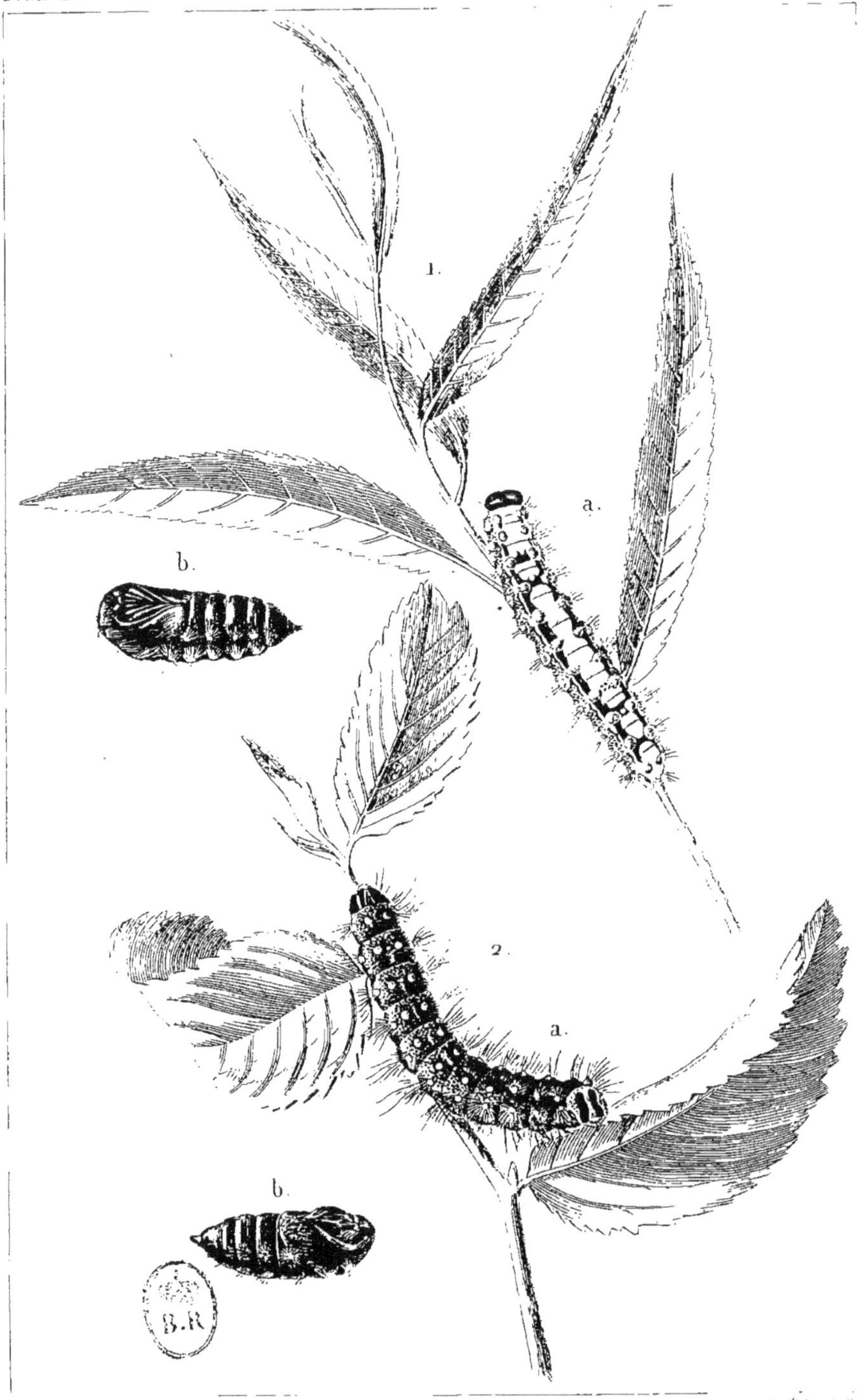

1. a. b. Liparis du Saule (*Liparis Salicis*)

2. a. b. id. Disparate (*id. Dispar*)

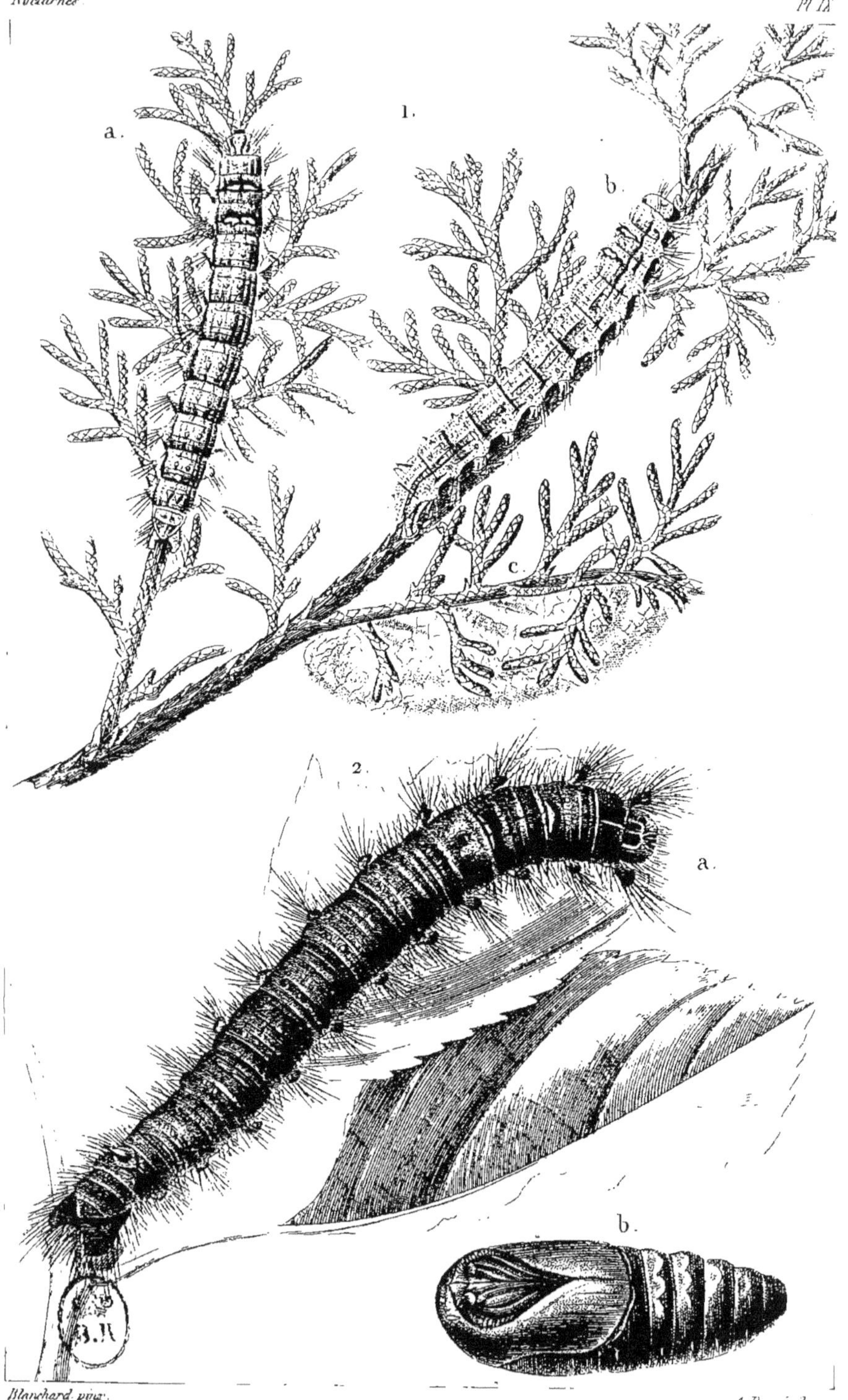

1. a-c Lasiocampe du Cyprès (*Lasiocampa Lineosa*)
2. a.b. id. feuille du Chêne (*id. Quercifolia*)

Bombycites.

Delarue pinx.

Corbié sc.

Orgyie Pudibonde *(Orgyia Pudibunda)*

Bombycites.

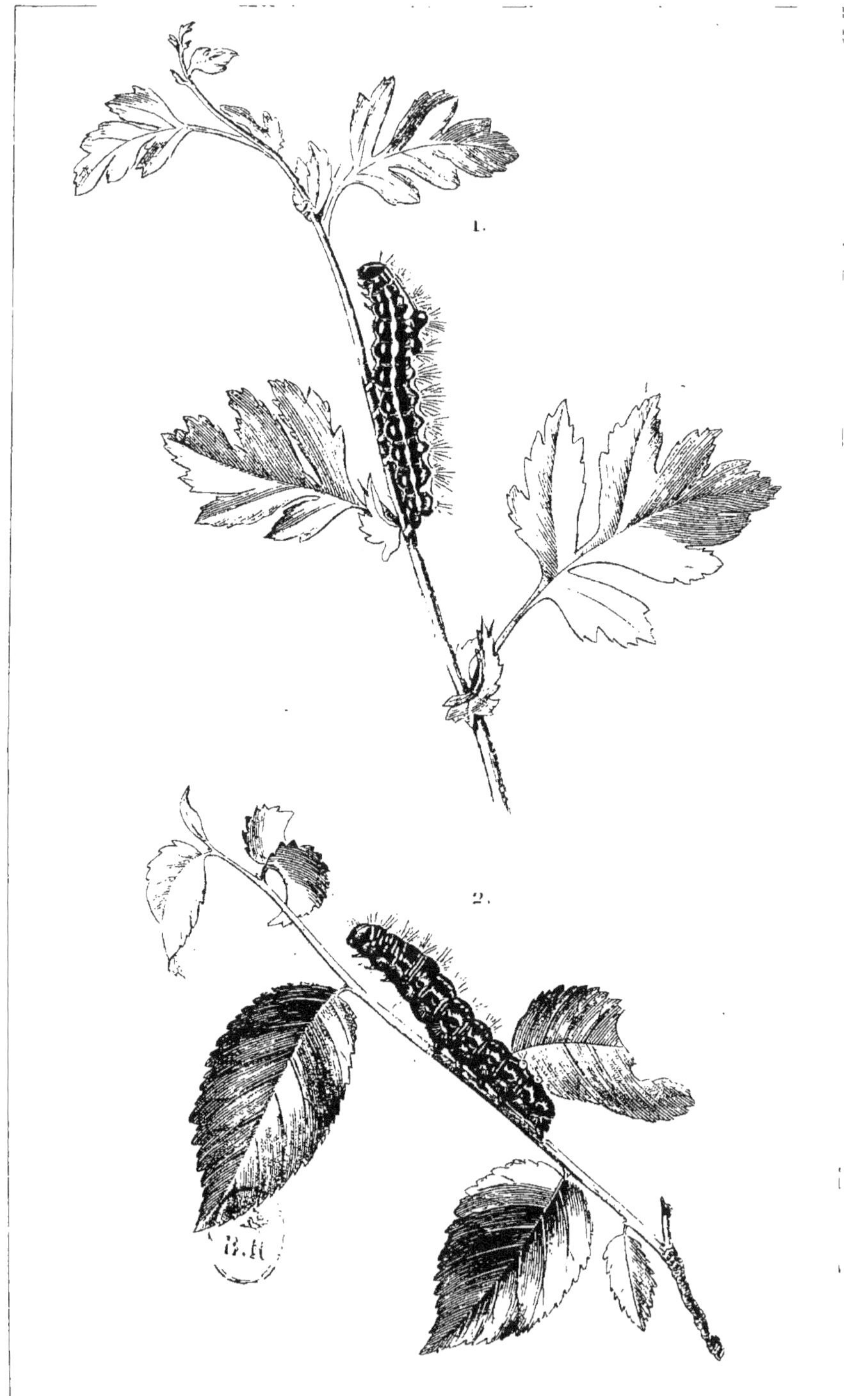

1.

2.

J. Delarue pinx.

Aug.te Duménil sc.

1. Liparis Cul-doré *(Liparis Auriflua)*
2. id.   Cul-brun *(id. Chrysorrhœa)*

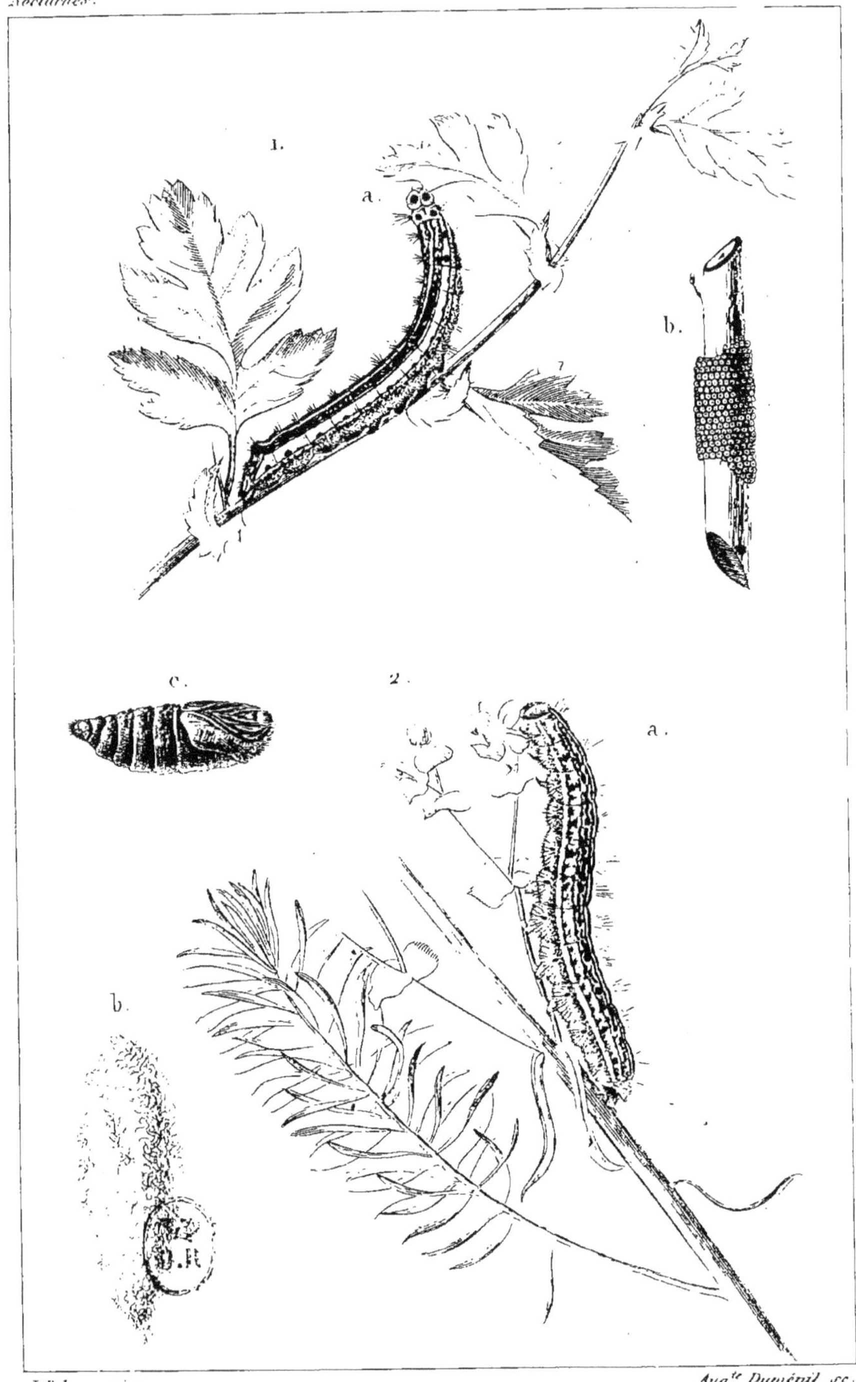

1.a, b. Bombyx Livrée   *(Bombyx Neustria)*
2. a-c.   1d.   Livrée des prés (*M. castrensis*)

Bombycites.

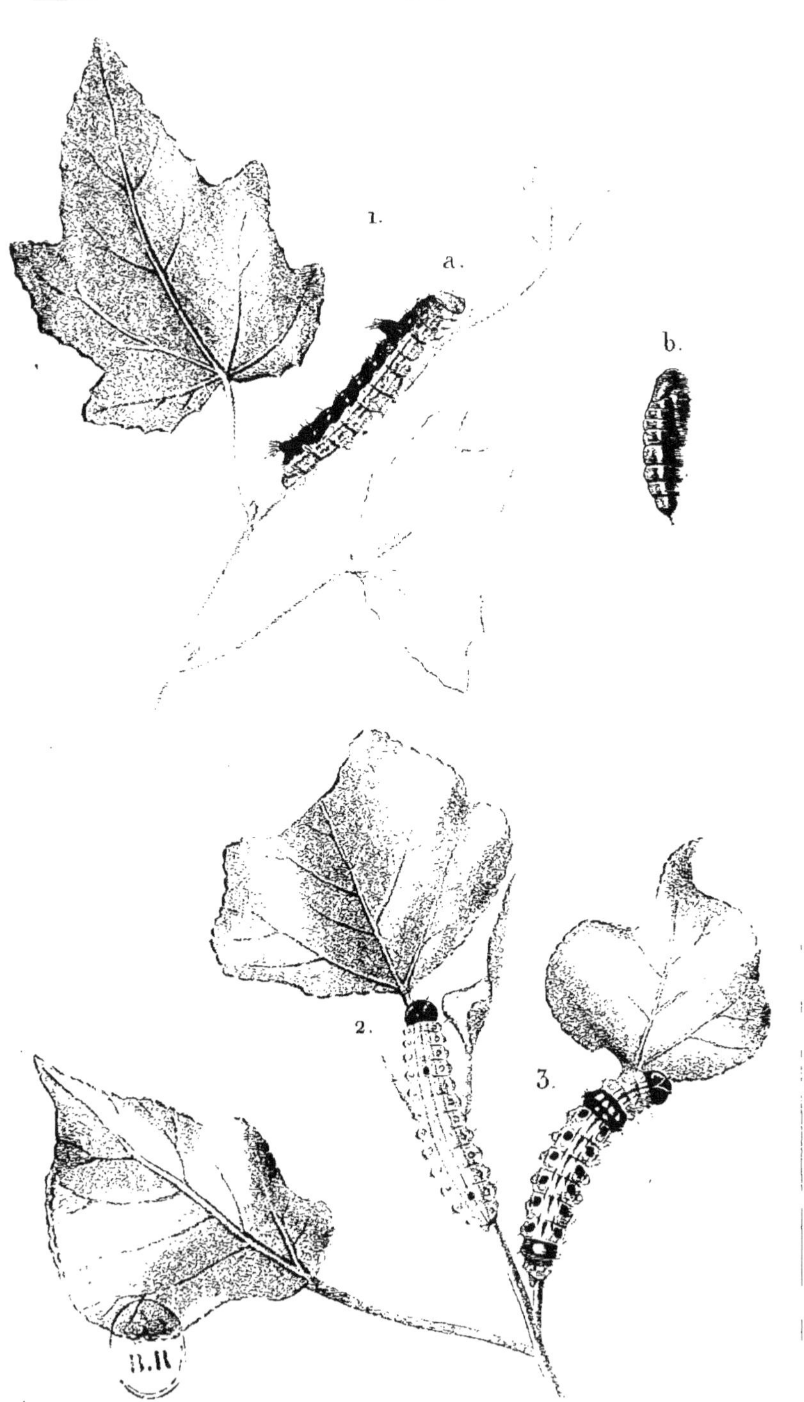

Guénée et J. Delarue pinx.   J. Delarue sc.

1. a–b. Clostère Anastomose (*Clostera Anastomosis*)
2.   id.   Courtaud (*id.*   *Curtula*)
3.   id.   Anachorète (*id.*   *Anachoreta*)

Bombycites.

Guénée et Delarue pinx.

A. Duménil sc.

1-2. Pygère Bucéphale   (*Pygœra Bucephala*)
3.   id.   Bucéphaloïde (*id. Bucephaloides*)

Bombycites.

Delarue pinx.

A. Duménil sc.

1. Lasiocampe feuille de Bouleau *(Lasiocampa Betulifolia)*
2. a,b. id.   du Pin   *(id.   Pini)*

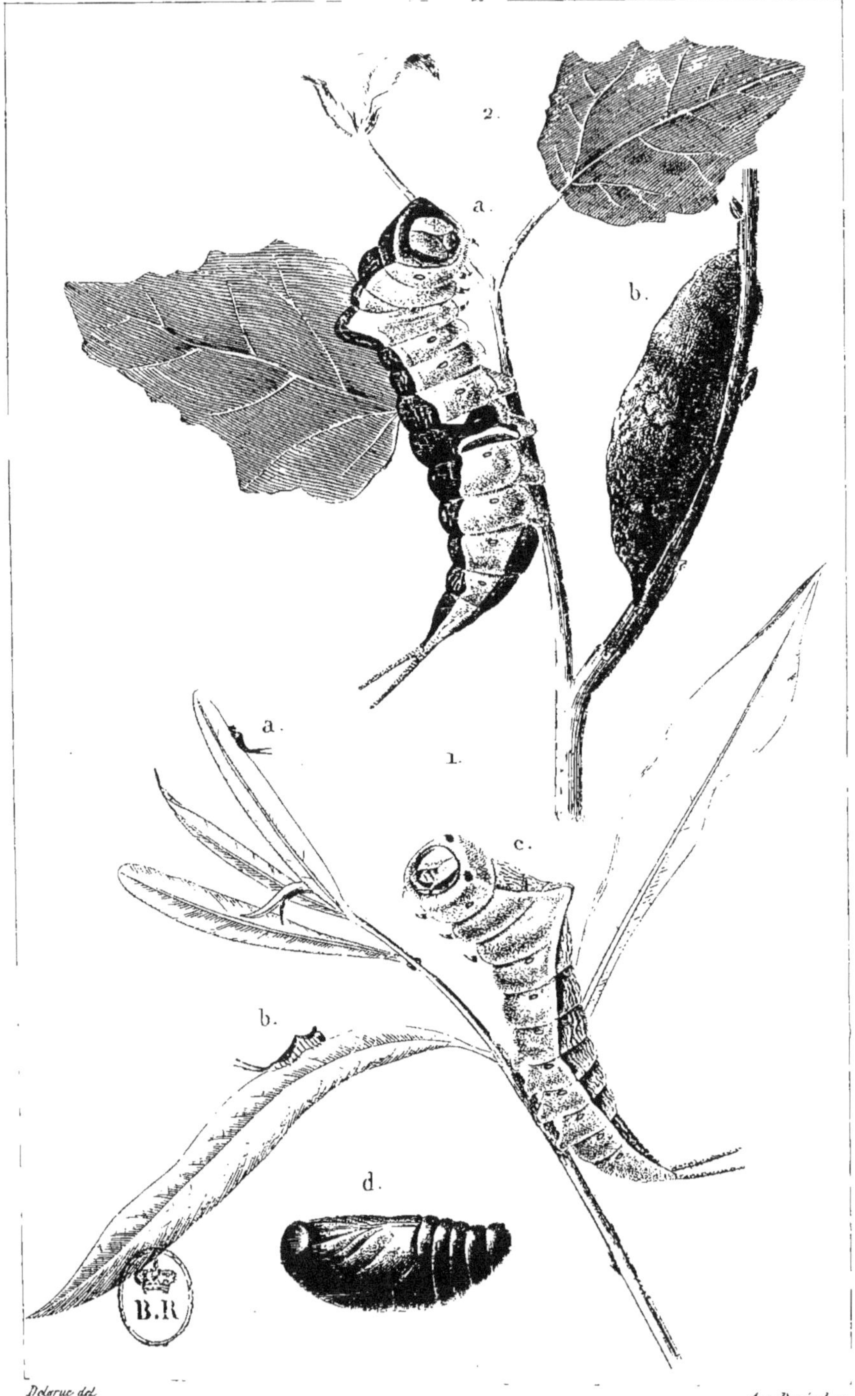

1. a-d. Dicranoure Vinule *(Dicranura Vinula)*
2. a. b.   id.   Hermine (*id. Erminea)*

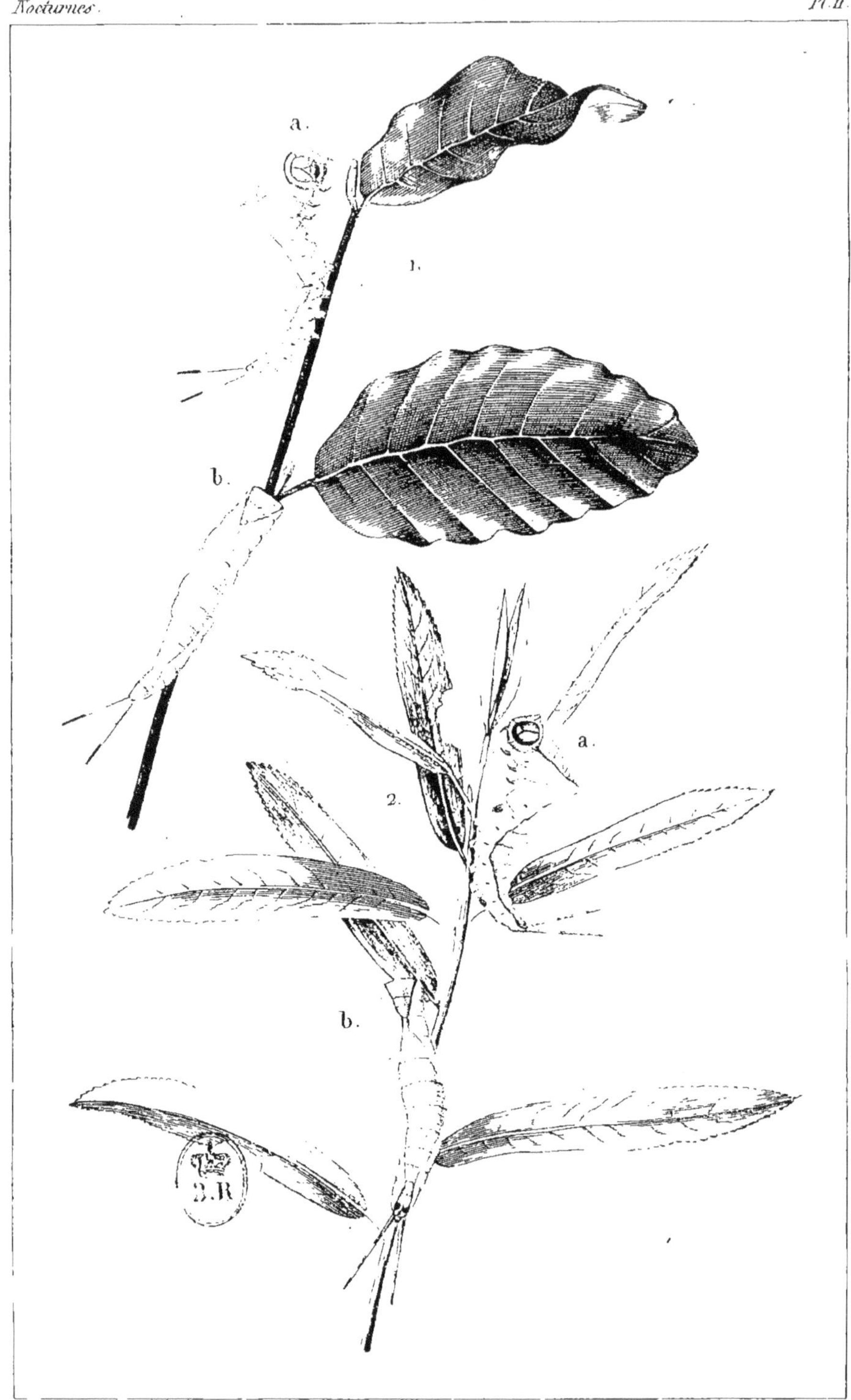

1. a. b. Dicranoure double pointe (*Dicranura Bicuspis*)
2. a. b.   id.   de la Moléne (*id. Verbasci*)

Pseudo-Bombycites.

Delarue pinx   Corbié sc.

1. Orthorine Museau   (Orthosina Palpina)
2. Notodonte Dictœa   (Notodonta Dictœa)

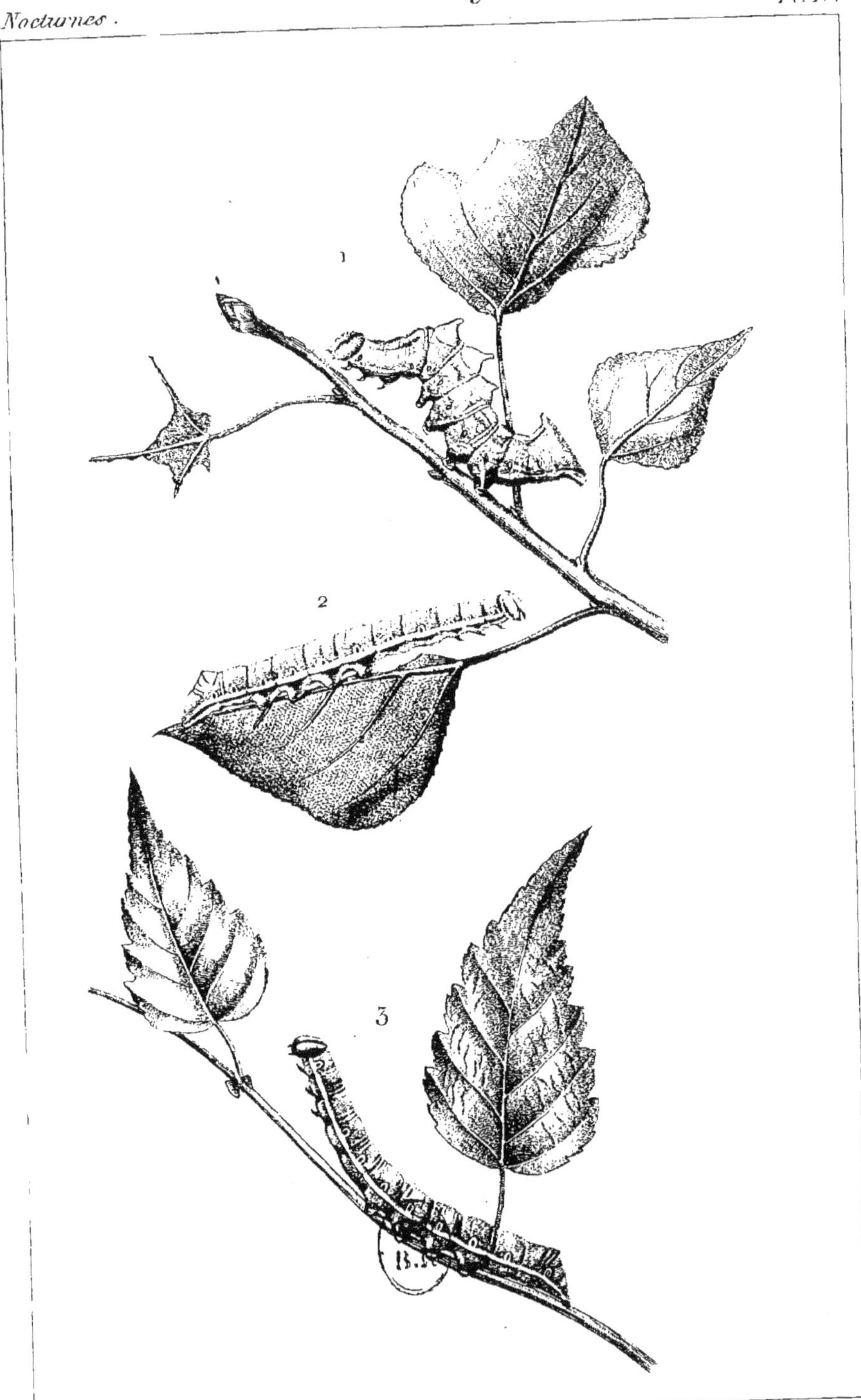

Delarue pinx.   *Hantois sc.*

1. Notodonte Zigzag   (*Notodonta Ziczac*)
2.   id.   Dictœa   (*id   Dictœa*)
7.   id.   Dictœoïdes (*id   Dictœoïdes*)

Pseudo-Bombycites

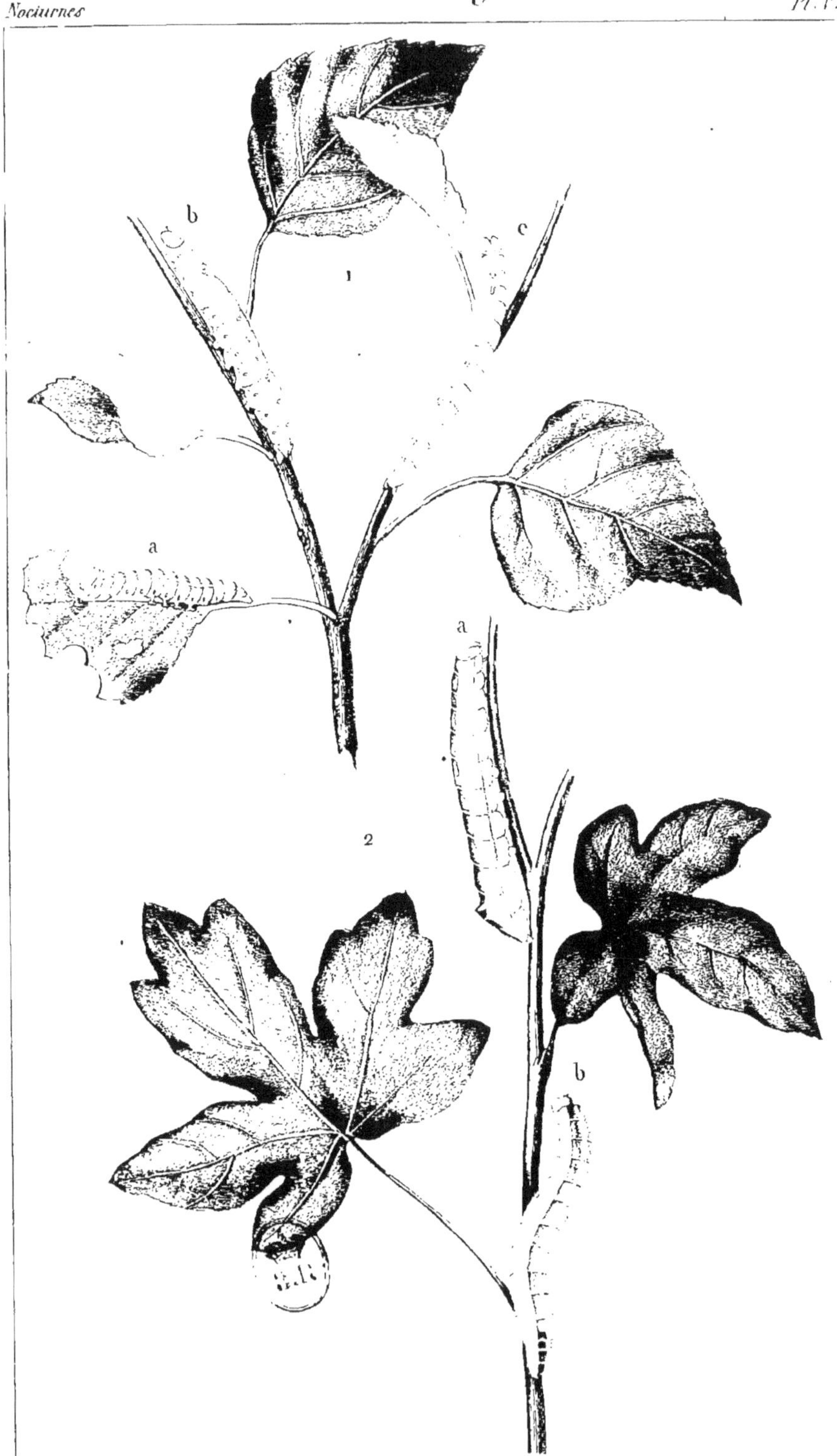

1.a,b,c. Gluphisie Crénelée *(Gluphisia Crenata)*

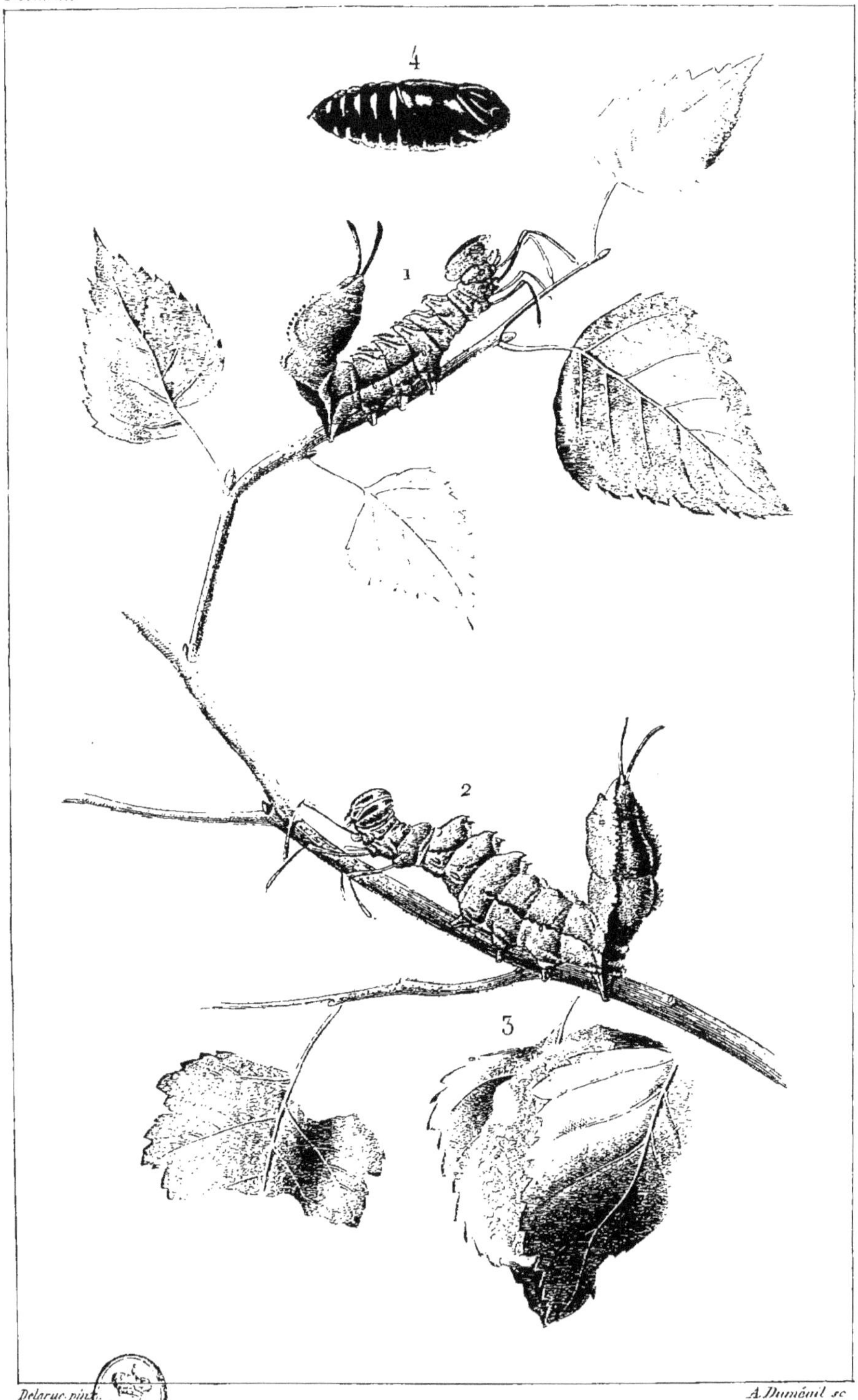

Delarue pinx.

B.R

A. Duménil sc

1-2. Harpyie du Hêtre *(Harpyia Fagi)* la Chenille
3. le cocon 4. la Chrysalide

Chélonides.

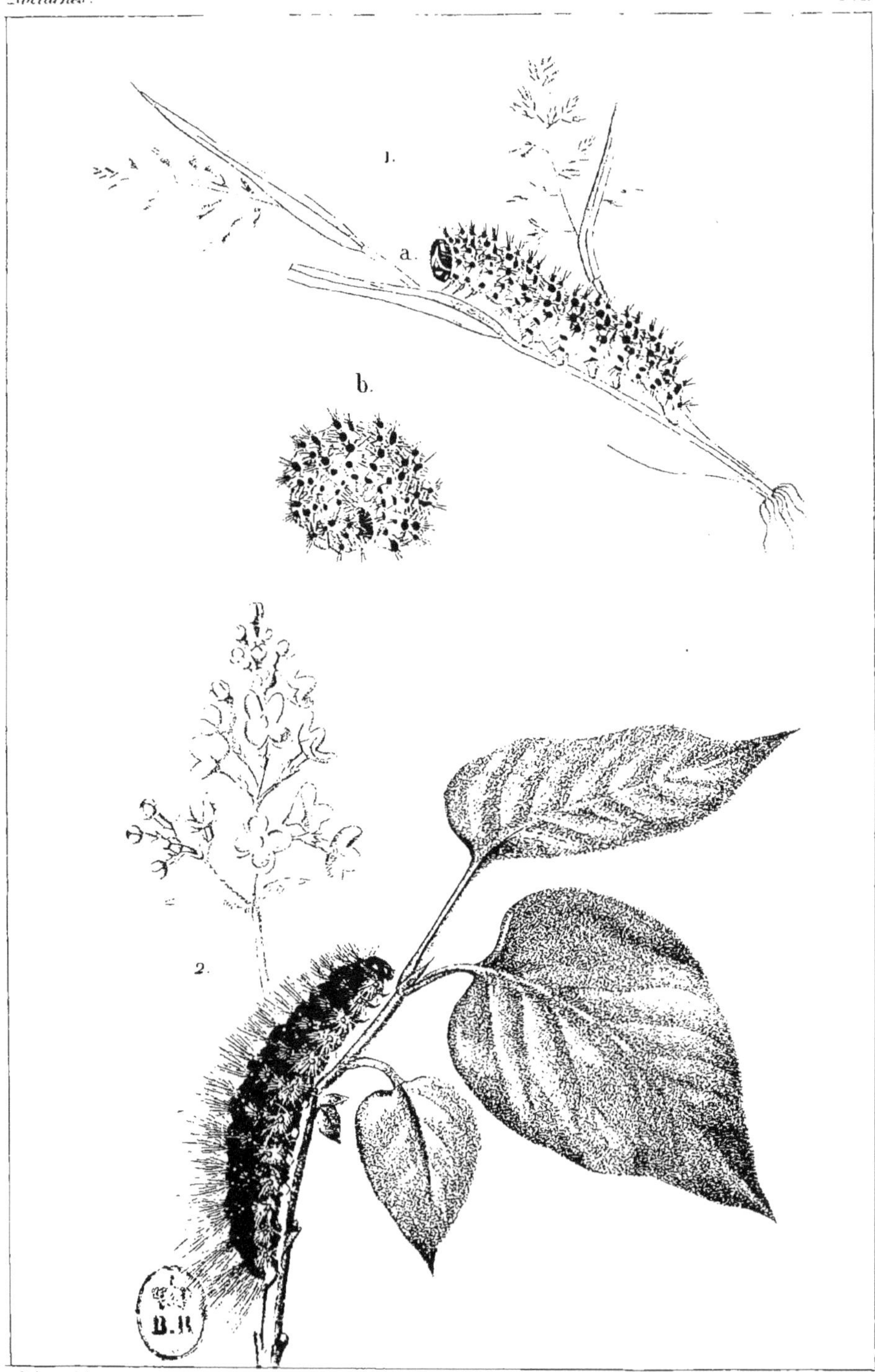

Delarue del.

Corbié sc.

1. a. b. Écaille Pudique *(Chelonia Pudica)*
2.   id.   Fasciée *(id. Fasciata)*

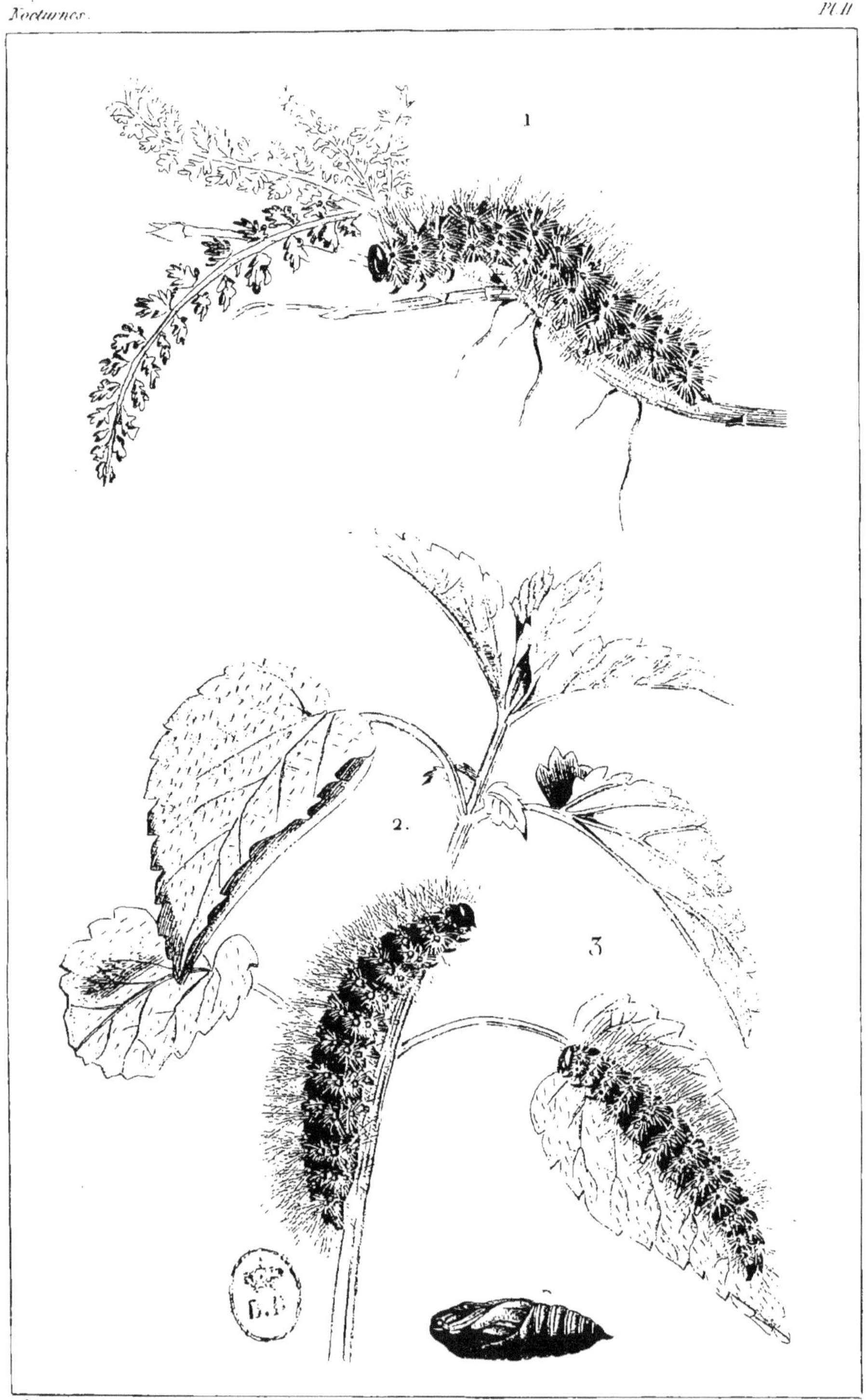

1. Écaille Hébé   (Chelonia Hebe)
2.   id.   Martre (id.   Caja)
3.   id.   Fermière (id.   Villica)

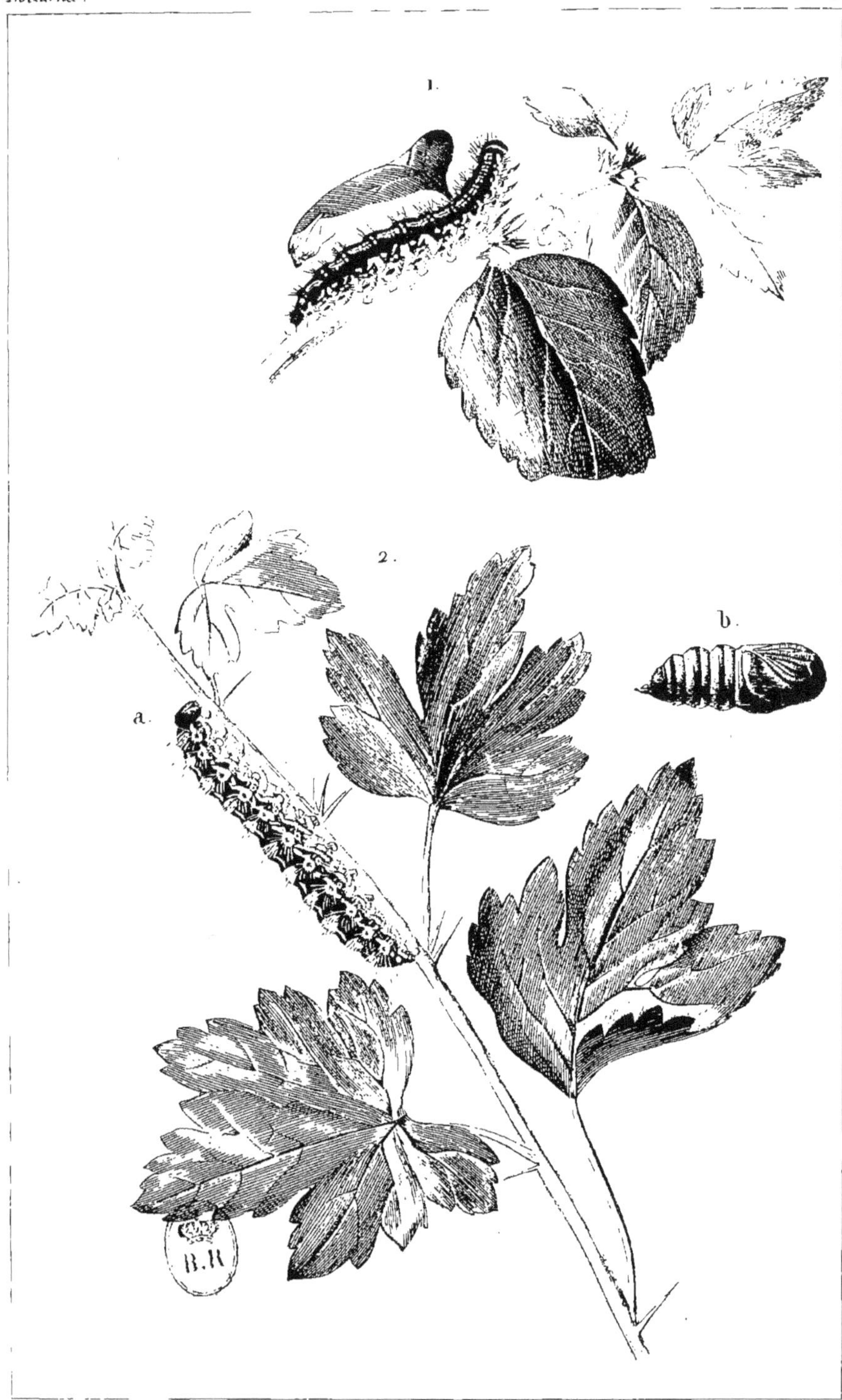

Delarue del.   Corbié sc.

1. Callimorphe Dominula *(Callimorpha Dominula)*
2. a. b. Écaille Pourprée   *(Chelonia Purpurea)*

Delarue. del.

Aug. Duménil sc.

1. a, b, c. Ecaille Civique (*Chelonia Civica*)
2. Ecaille du Plantain (*id.* *Plantaginis*)

Endromides.

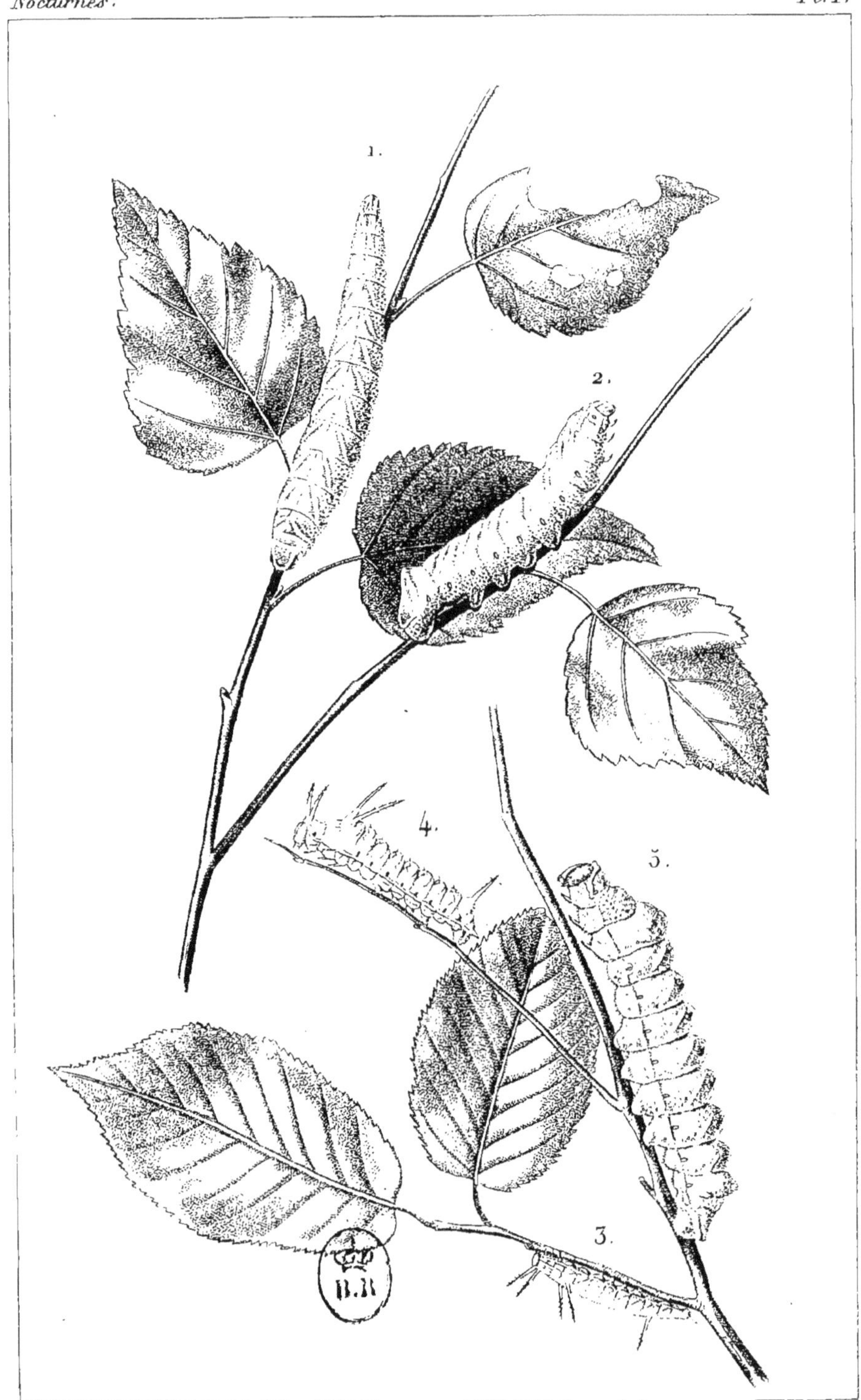

Guénée et Delarue del.

Corbié sc.

1. et 2. Endromide Versicolore *(Endromis Versicolora)*
3 - 5. Aglia Tau *(Aglia Tau)*

Lithosides.

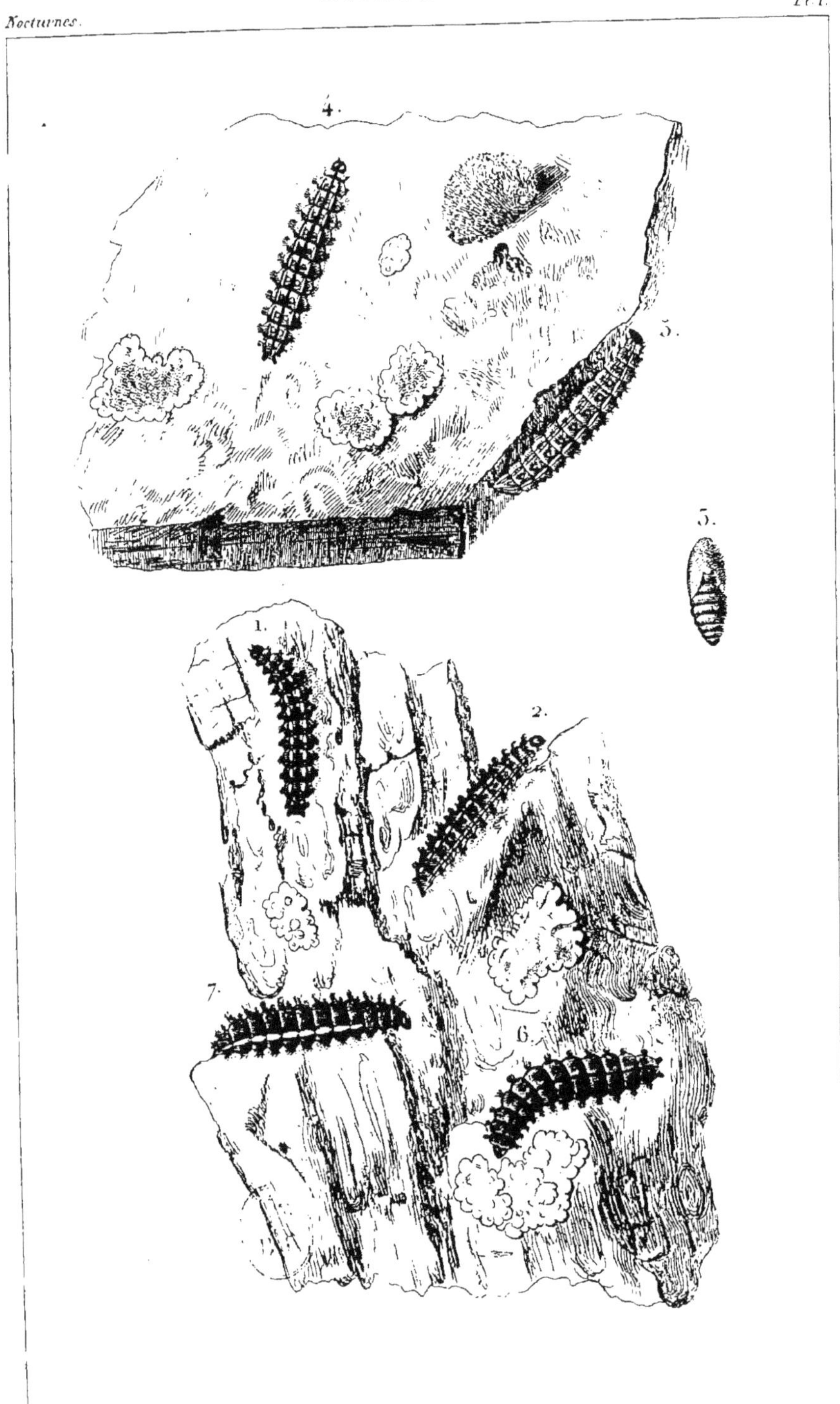

Guenée et Delarue pinx.

J. Dumenil sc.

1.2. Lithosie Aplatie   (Lithosia Complana.) 3. la Chrysalide
4.5.   id.   Blanchâtre (id   Caniola)
6.7.   id.   Livide   (id.   Lurideola)

Lithosides.

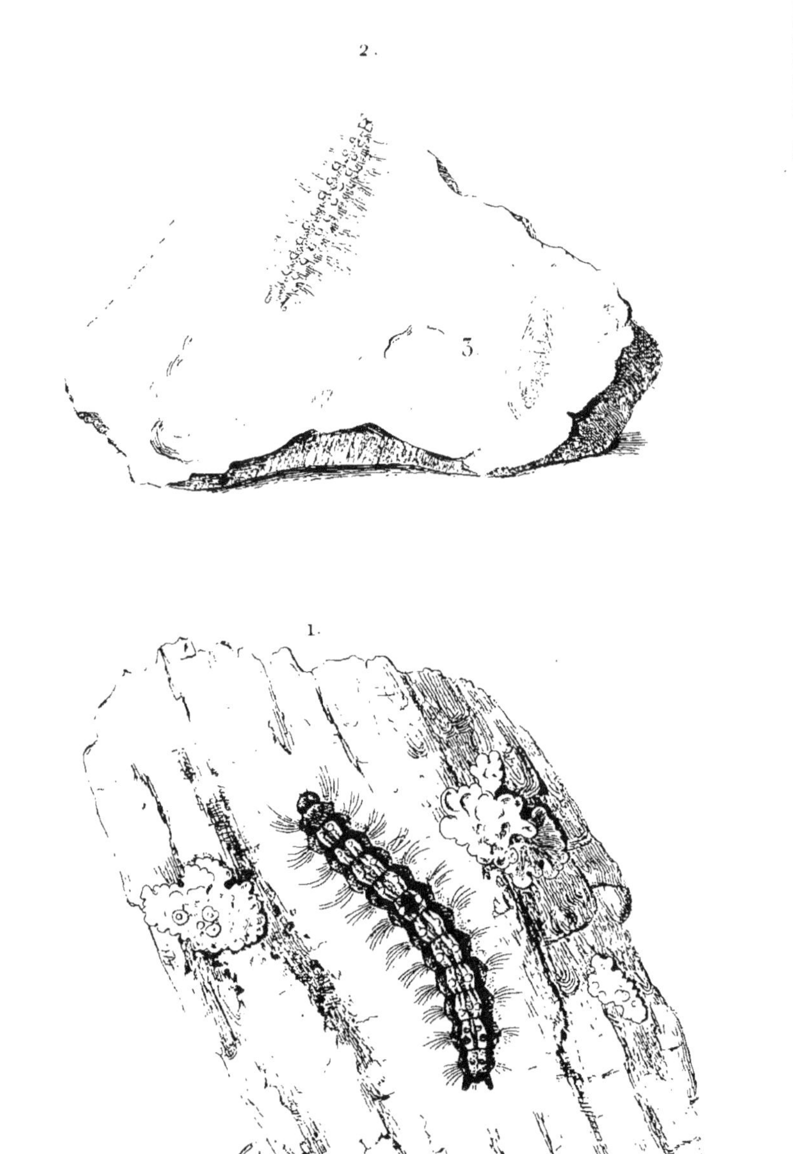

Guenée et Delarue pinx.	A. Duménil sc.

1. Lithosie Quadrille	(*Lithosia Quadra*)
2.   id.   Gris de Souris (id.   *Murina*) 3. la Chrysalide

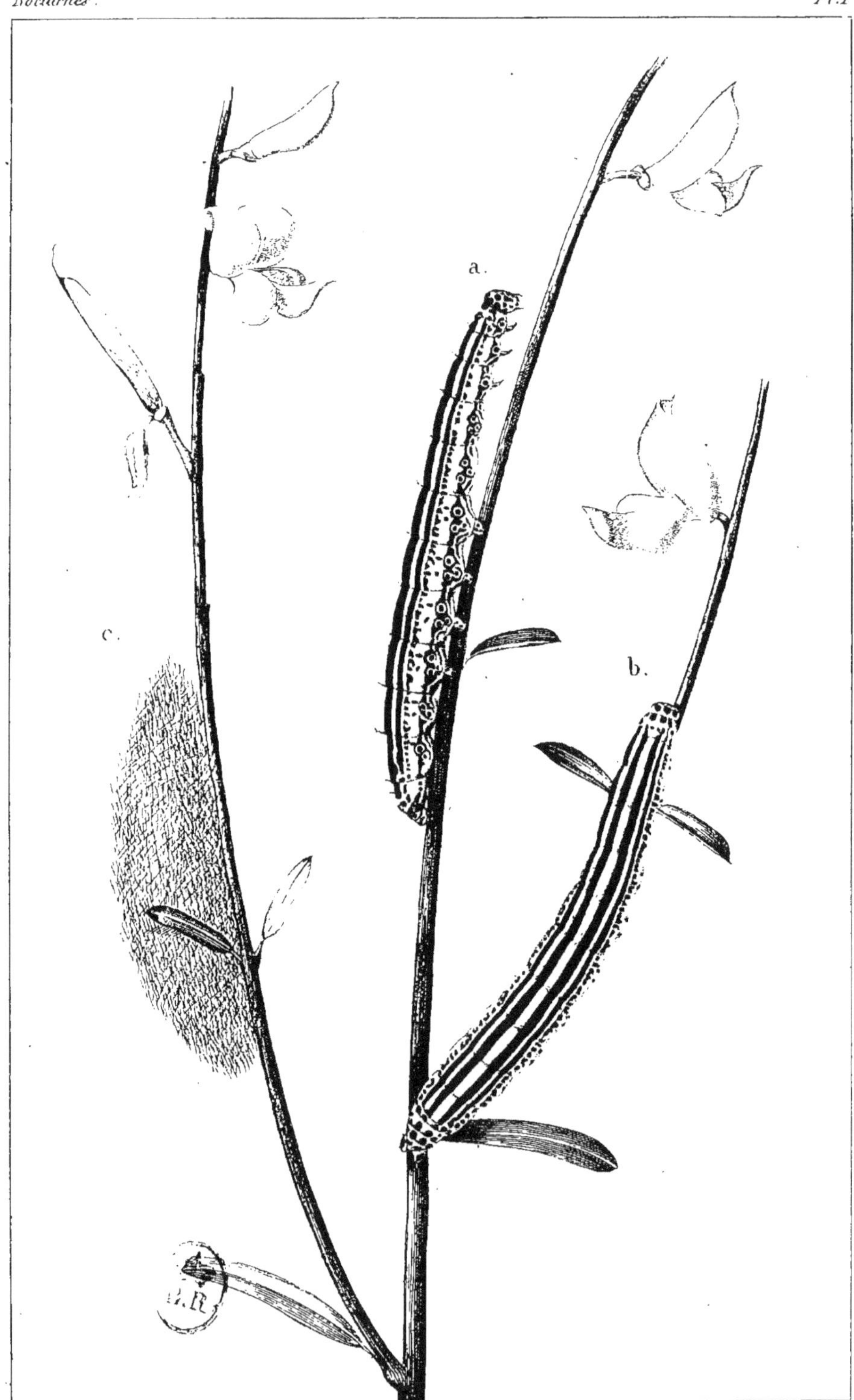

J. Delarue pinx.   Corbié sc.

Amphipvre Spectre *(Amphipyra Spectrum)*
a. b. chenille c. cocon.

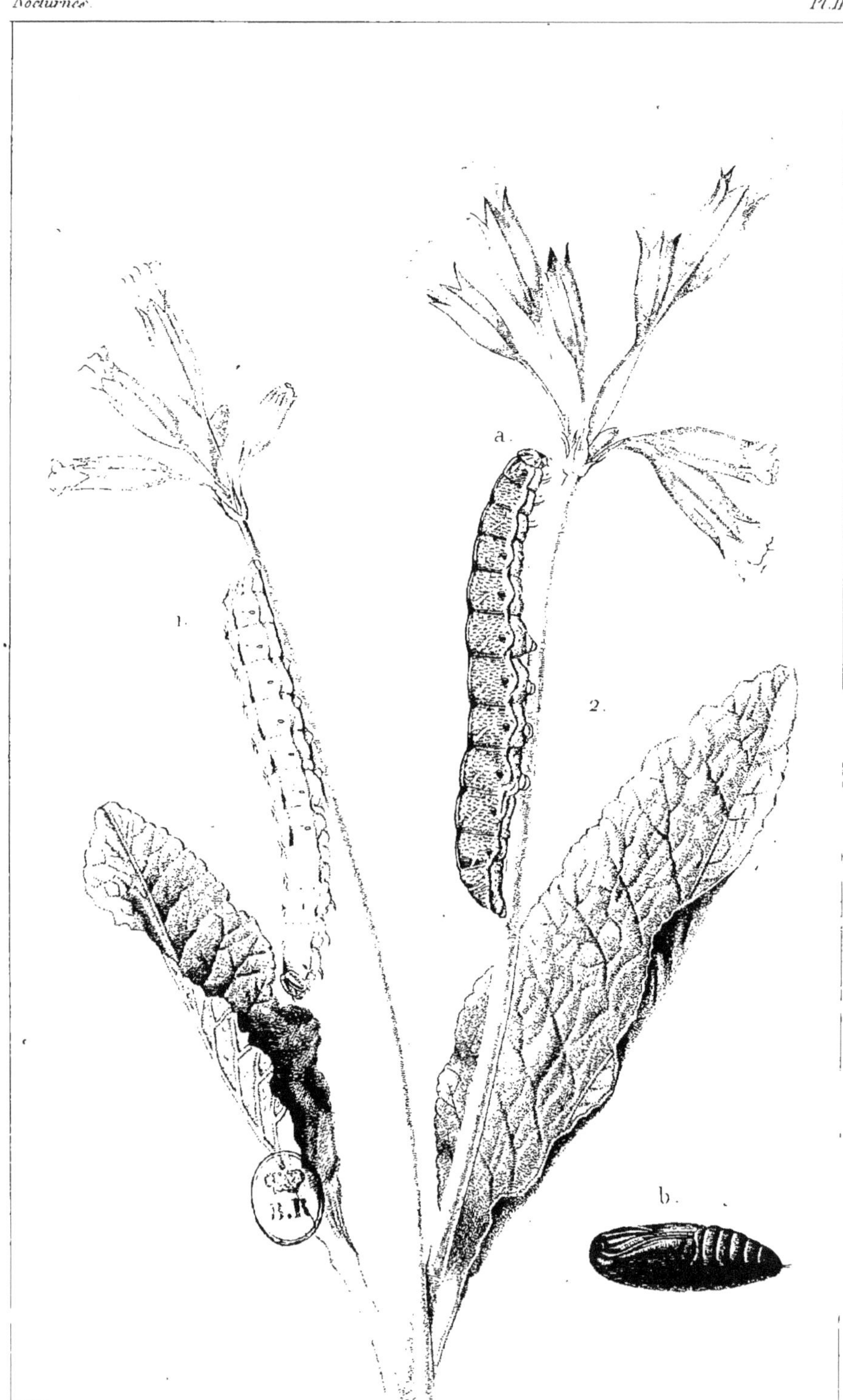

J. Delarue pinx.   Corbié sc

1. Triphène Pronuba (*Triphæna Pronuba*)
2. a.b. id.   France (*Triphæna Fimbria*)

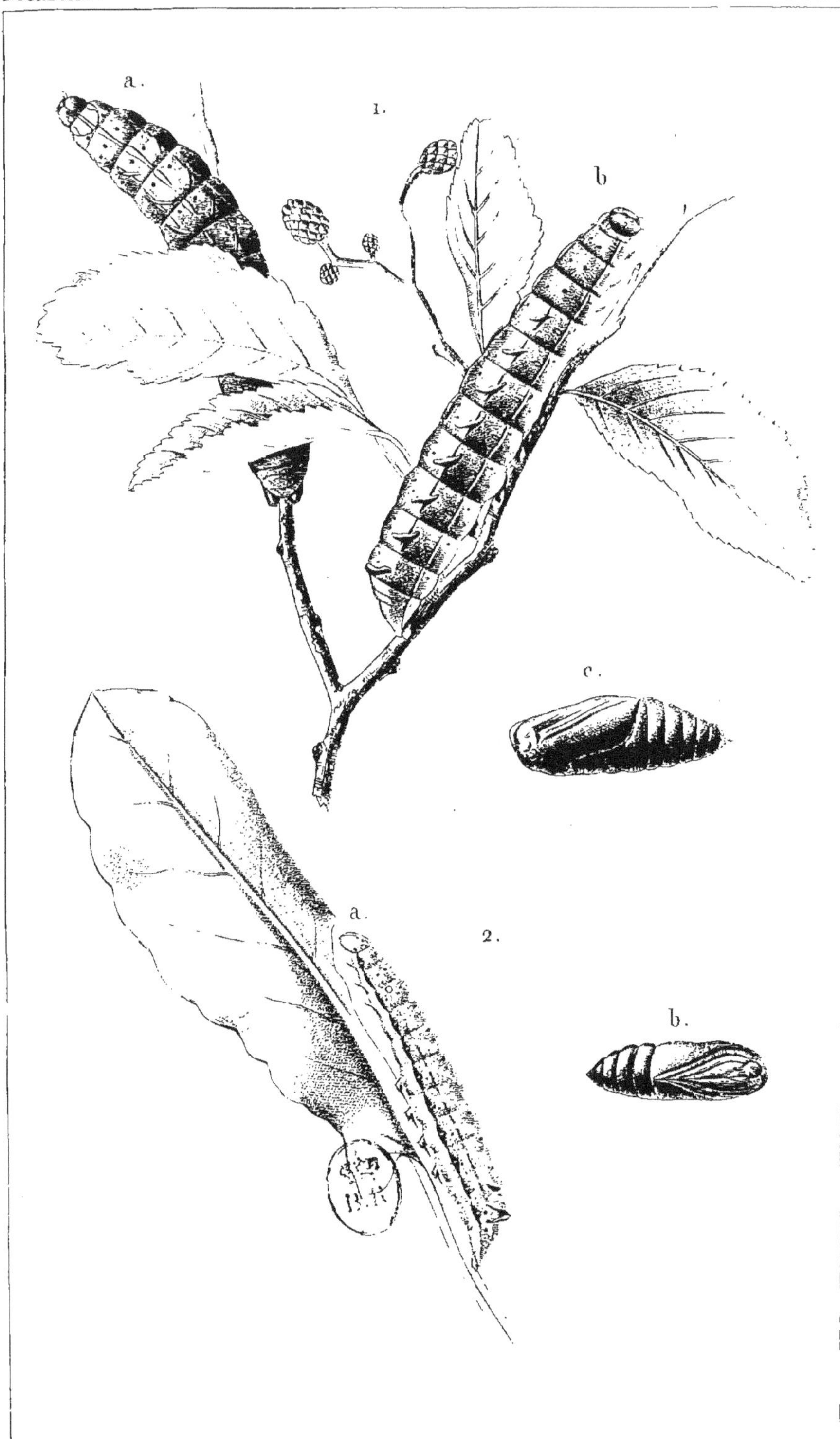

Delarue pinx.   Aug. Duménil sc.

1. a-c Mania Maure *(Mania Maura)*
2. a. b. id. Typique *(id. Typica)*

Bombycoïdes

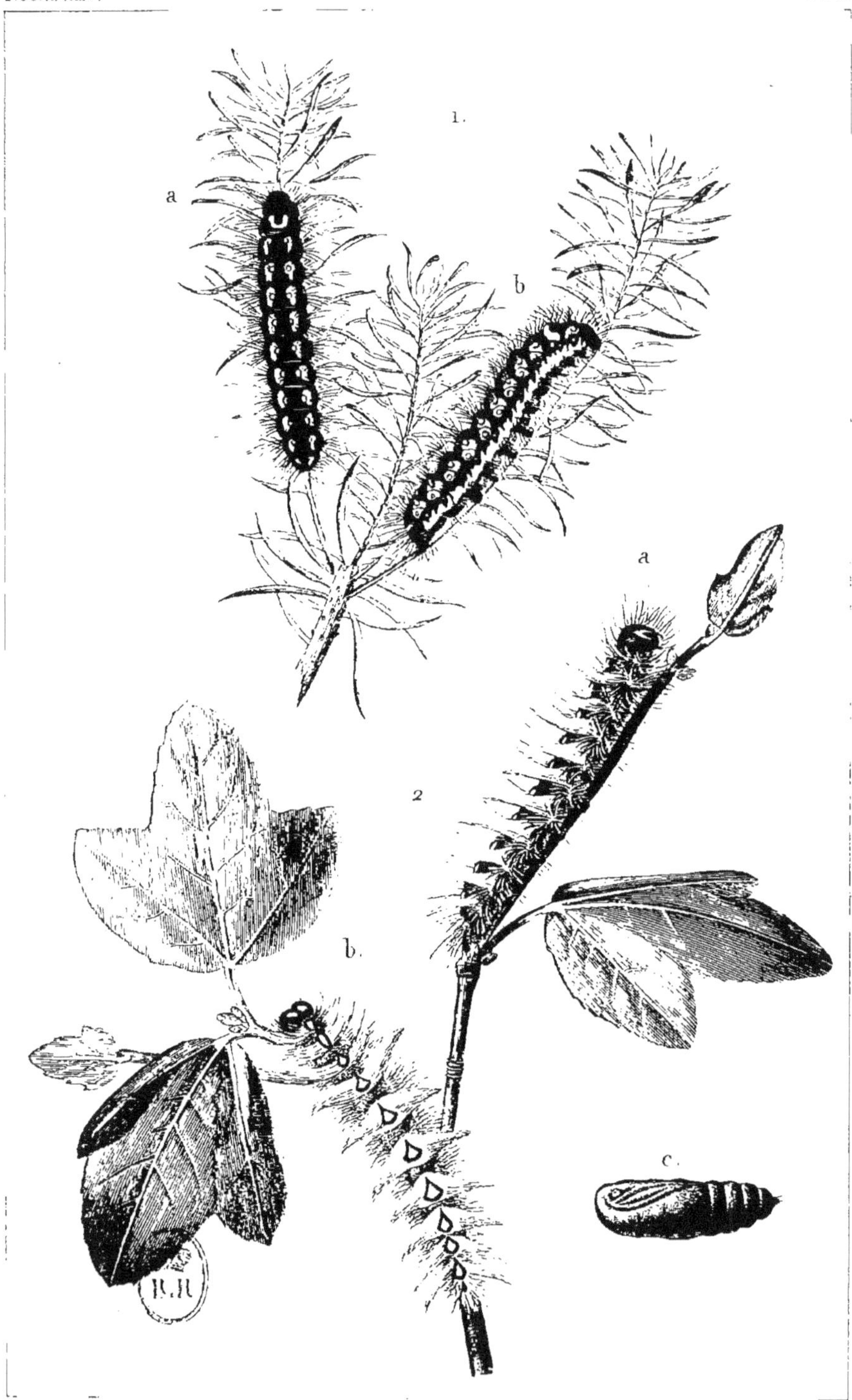

Delarue pinx.

Rousseau sc.

1. a. b. Acronycte de l'Euphraise (*Acronycta Euphrasiæ*)
2. a-c.   id.   de l'Erable   (id.   Aceris   )

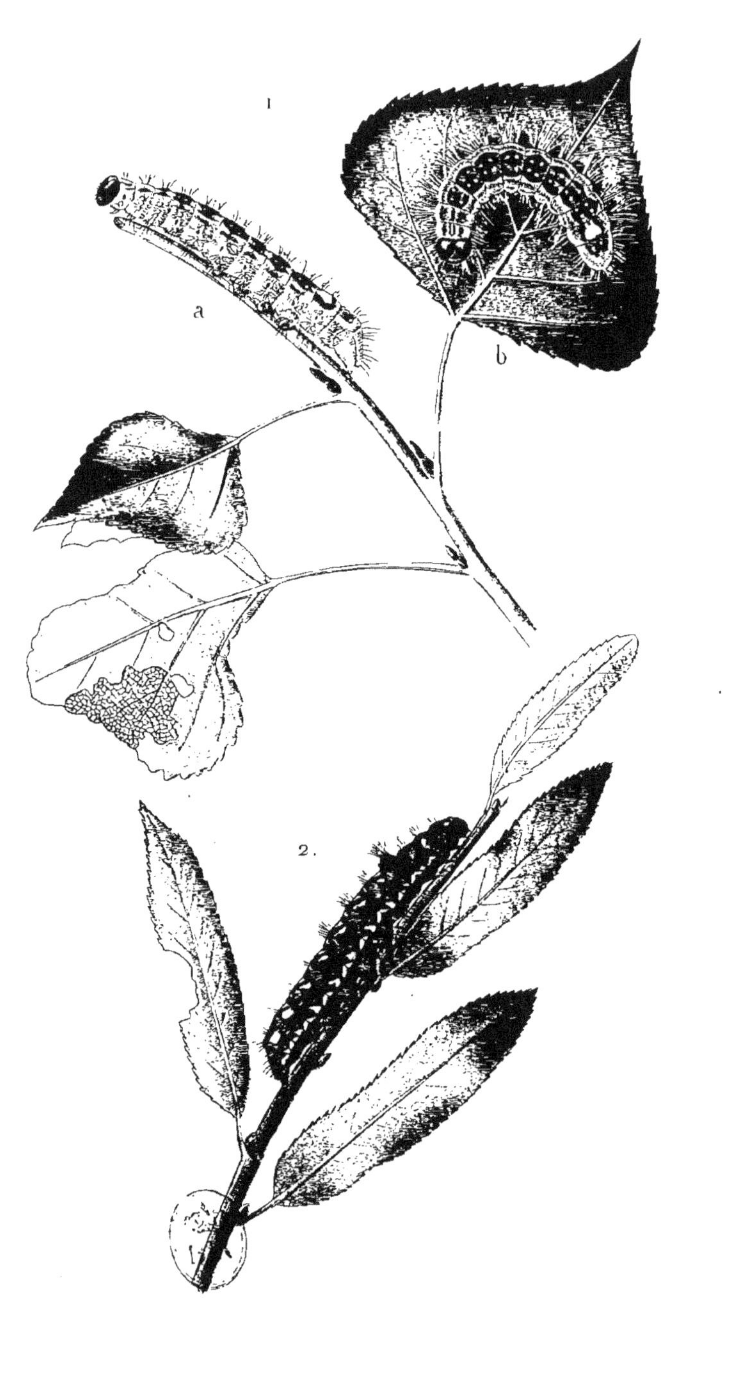

Guénée et Delarue pinx.   A. Duménil sc.

1. a. b. Acronycte Mégacéphale (*Acronycta Megacephala*)
2.   id.   de la Patience (*id.   Rumicis*)

Bombycoïdes

Delarue. pinx.

A. Duménil. sc.

1. Diphtère Orion   (*Diphtera Orion.*)
2.   id.   Railleuse (*id   Ludifica*)

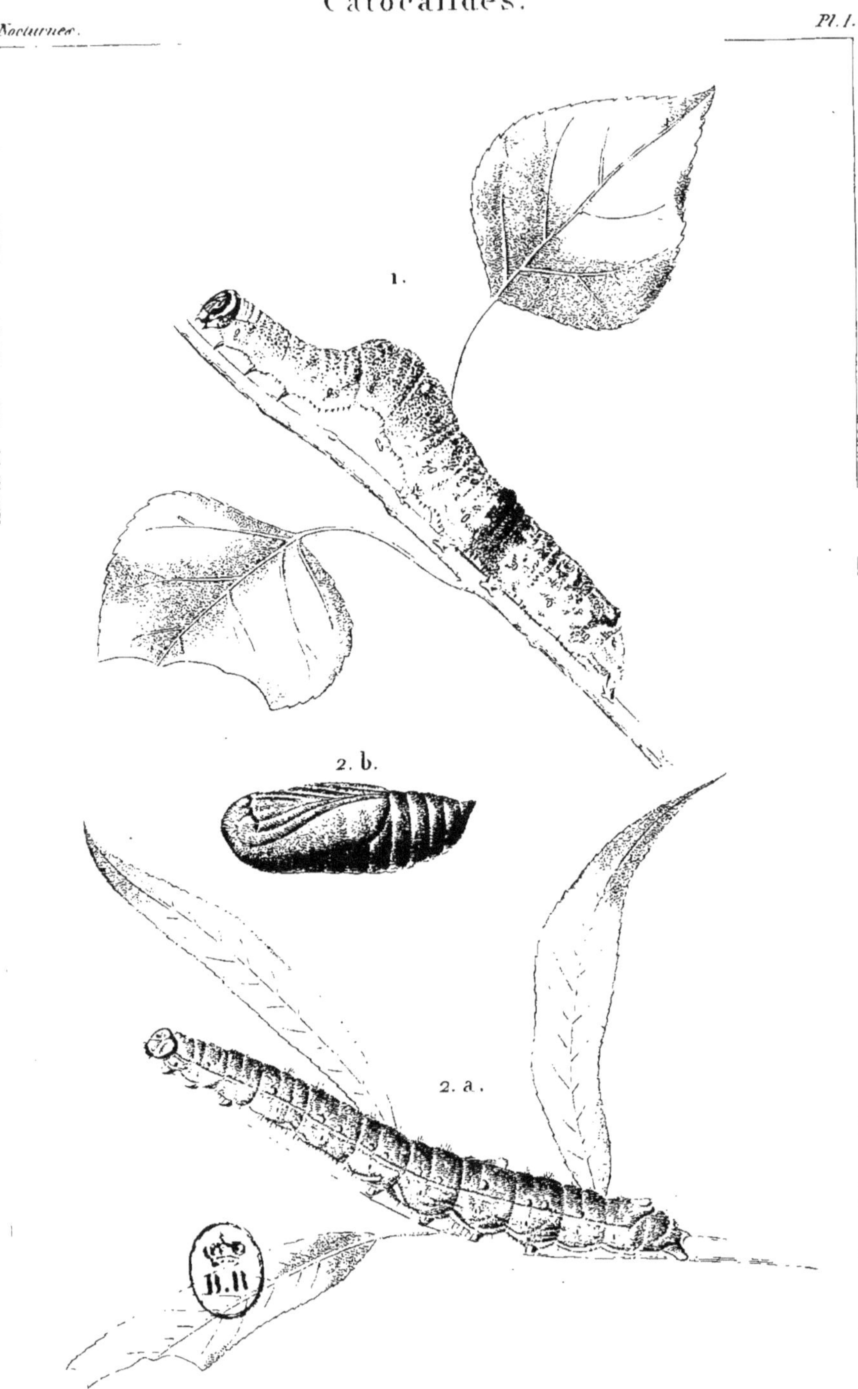

Catocalides.

Delarue pinx.

A. Duméril sc.

1. Catocala du Frêne (*Catocala Fraxini*)
2. a. b. id. Choisie (id. Electa)

Delarue pinx.

A. Dumènil sc.

1. Ophiuse Lunaire *(Ophiusa Lunaris)*
2.a,b. id.   Tirrhée *(id.   Tirrhæa)*

Hadénides.

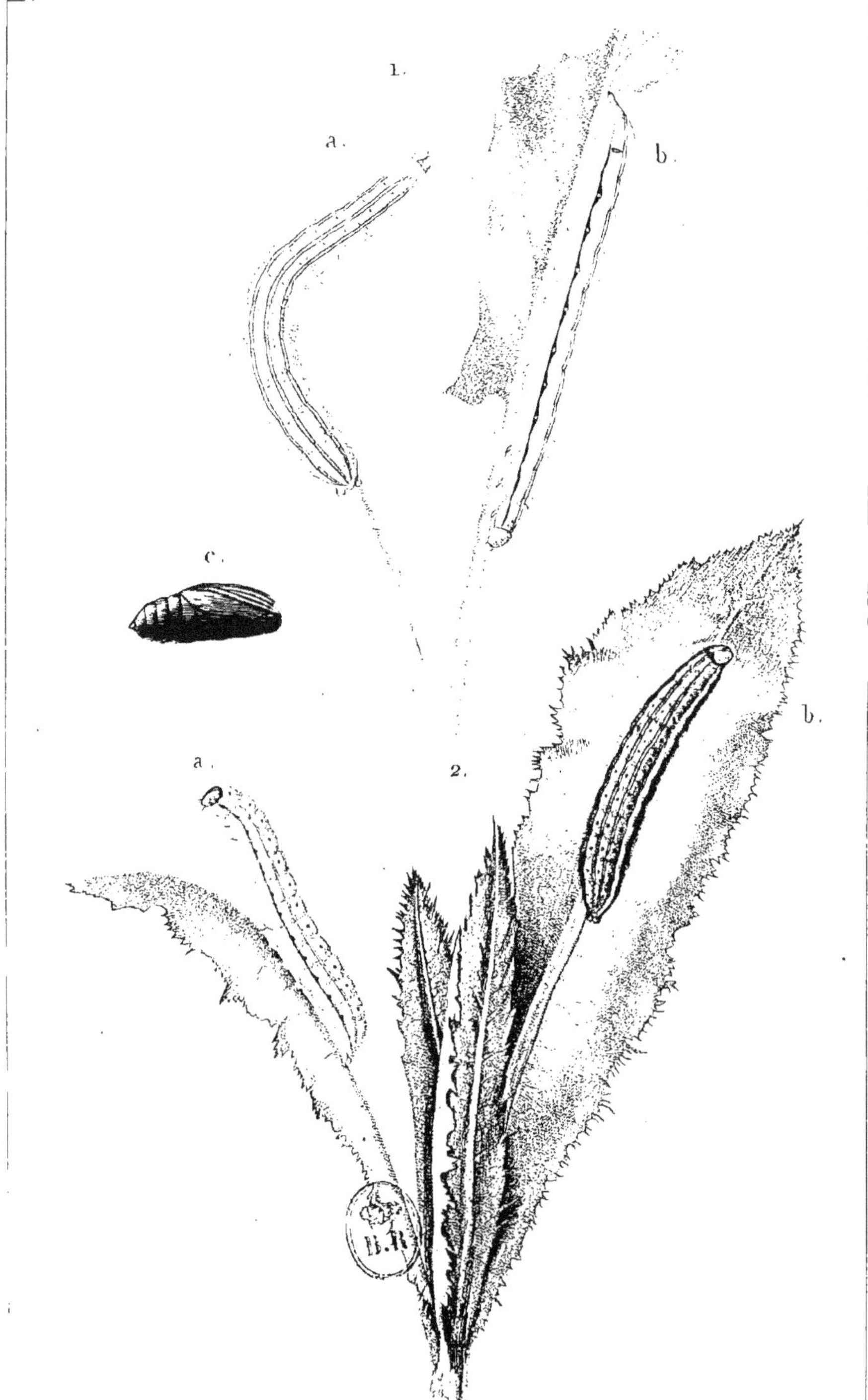

Guenée et Delarue del.

Lauvin sc.

1. a-c. Hadène Négresse (*Hadena Æthiops*)
2. a. b. Polia Dysodée (*Polia Dysodea*)

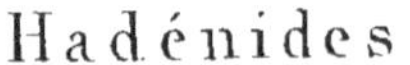

1.a-c. Dianthœcie Capsulaire (*Dianthœcia Capsincola*)

2.   id.   Saupoudrée (*id.*   *Conspersa*)

3.   id.   Parée   (*id.*   *Albimacula*)

Orthosides

Guénée et Delarue pinx.   Rousseau sc.

1. a – c. Xanthie Safranée *(Xanthia Croceago)*

2. a, b. Omalosome Tigrée *(Omalosoma Rubiginea)*

3. a – d. Orthosie de la Lychnide *(Orthosia Pistacina)*

Orthosides.

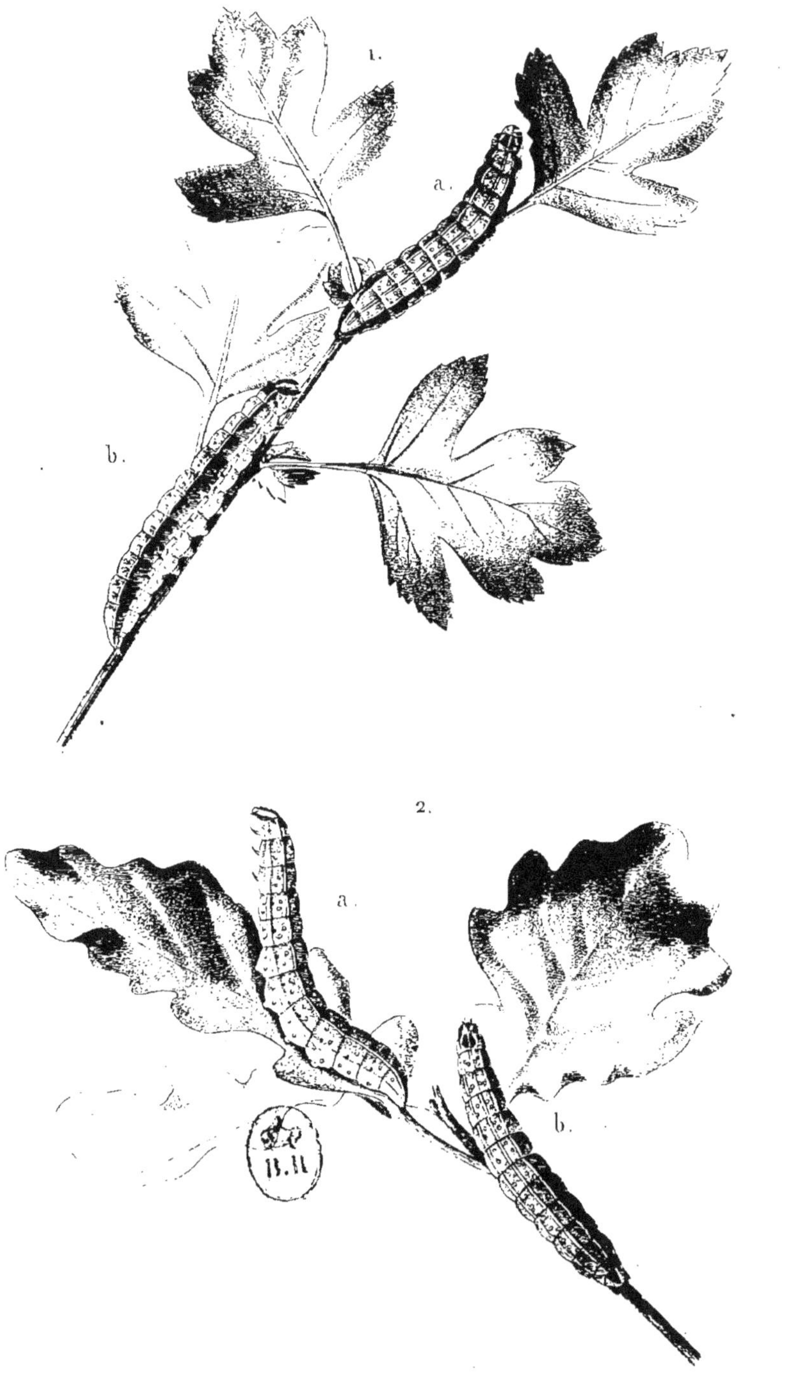

1. a. b. Ceraste Chatain   (*Cerastis Spadicea*)
2. a. b.   id.   de l'Airelle (id.   *Vaccinii*)

Plusides.

Delarue et Guénée del.

Aug.ᵗᵉ Duménil sc.

1. a-c. Plusie Gamma   (*Plusia Gamma*)
2. a-c.   id.   de la Fétuque (*id. Festucæ*)

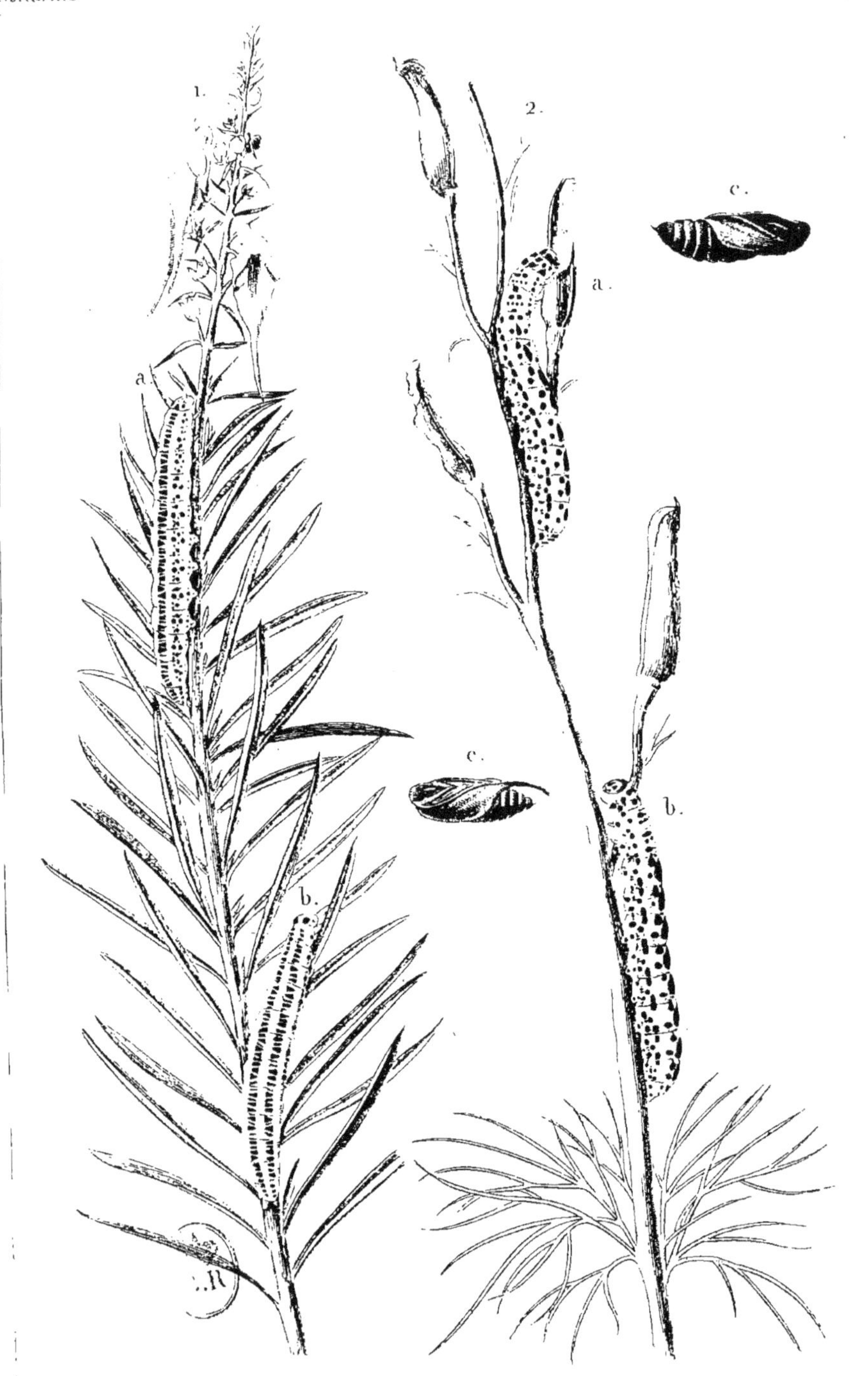

1. a-c. Cléophane de la Linaire (*Cleophana Linariæ*)

2. a-c. Chariclée du pied d'Alouette (*Chariclea Delphinii*)

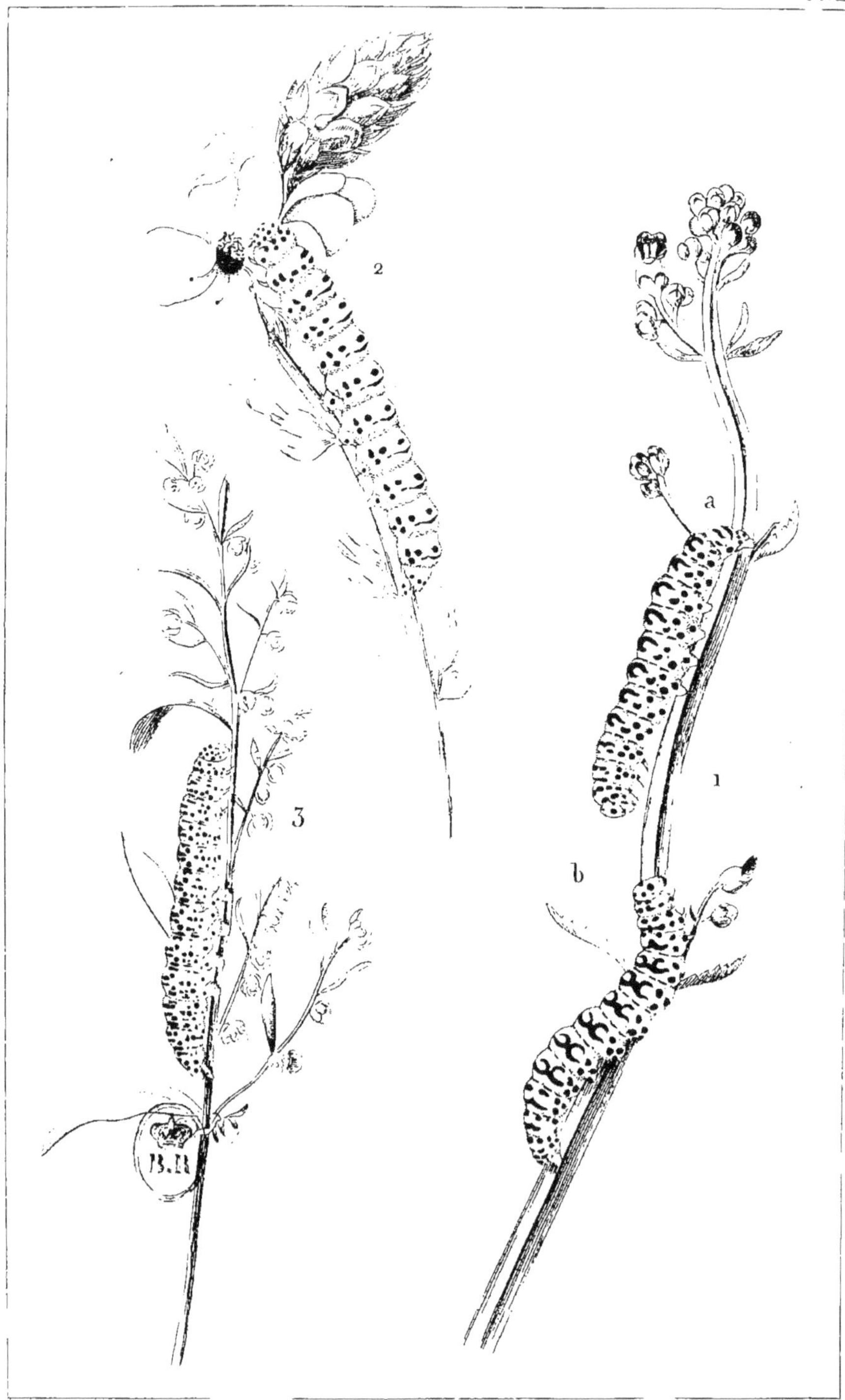

Xylinides

Delarue pinx.　　　　A. Dumenil sc.

1. a, b. Cucullie de la Scrophulaire *(Cucullia Scrophulariæ)*
2. 　　id. 　　de la Molène Lychnis (　id. 　　 *Lychnitis*)
3. 　　id. 　　de la Tanaisie 　　(　id. 　　 *Tanaceti*)

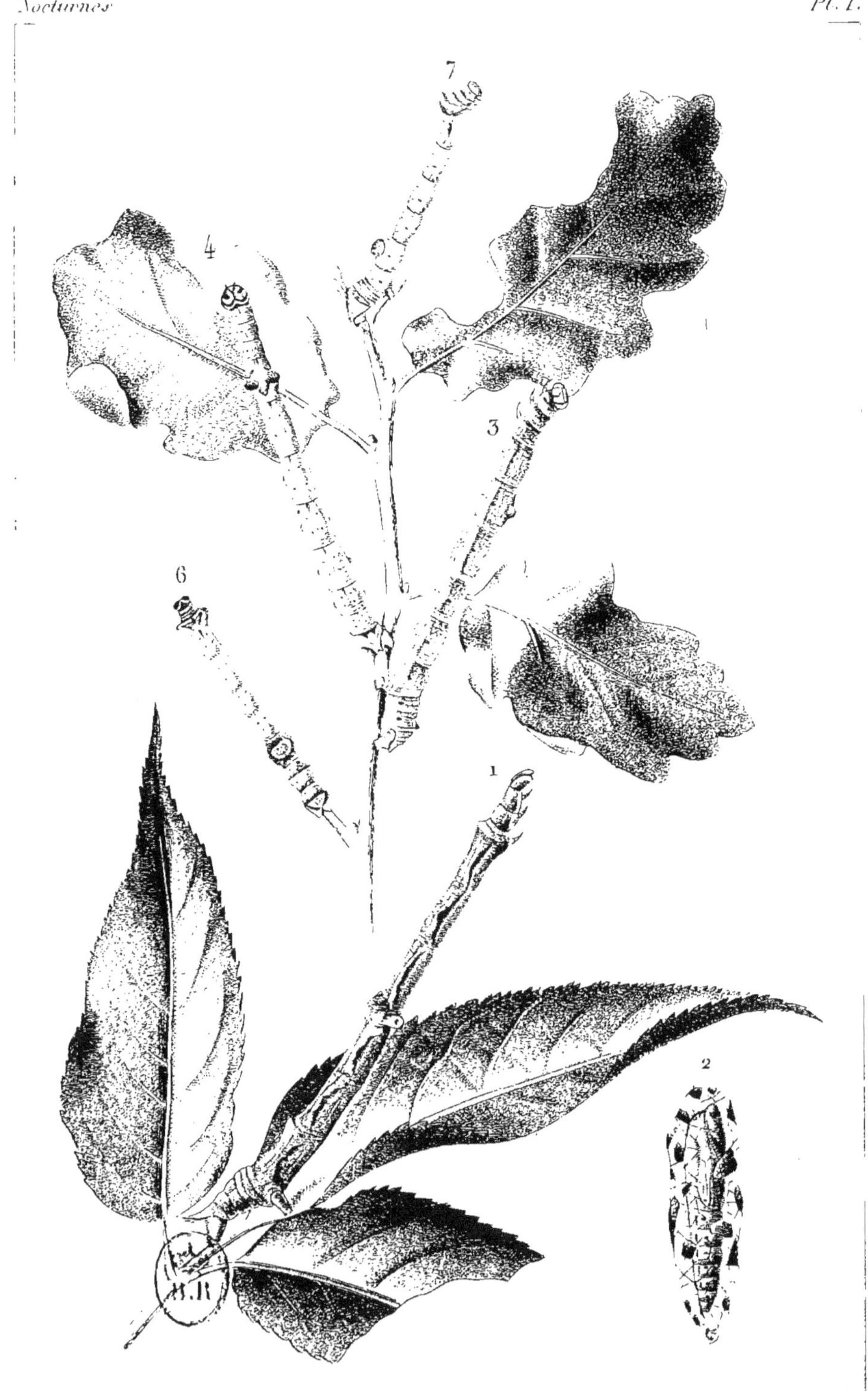

Guénée et Delarue pinx.   Aug. Duménil sc.

1, 2. Uraptérix du Sureau *(Ourapterix Sambucata)*
3-5. Boarmie Parente *(Boarmia Consortaria)*

Phalénides.

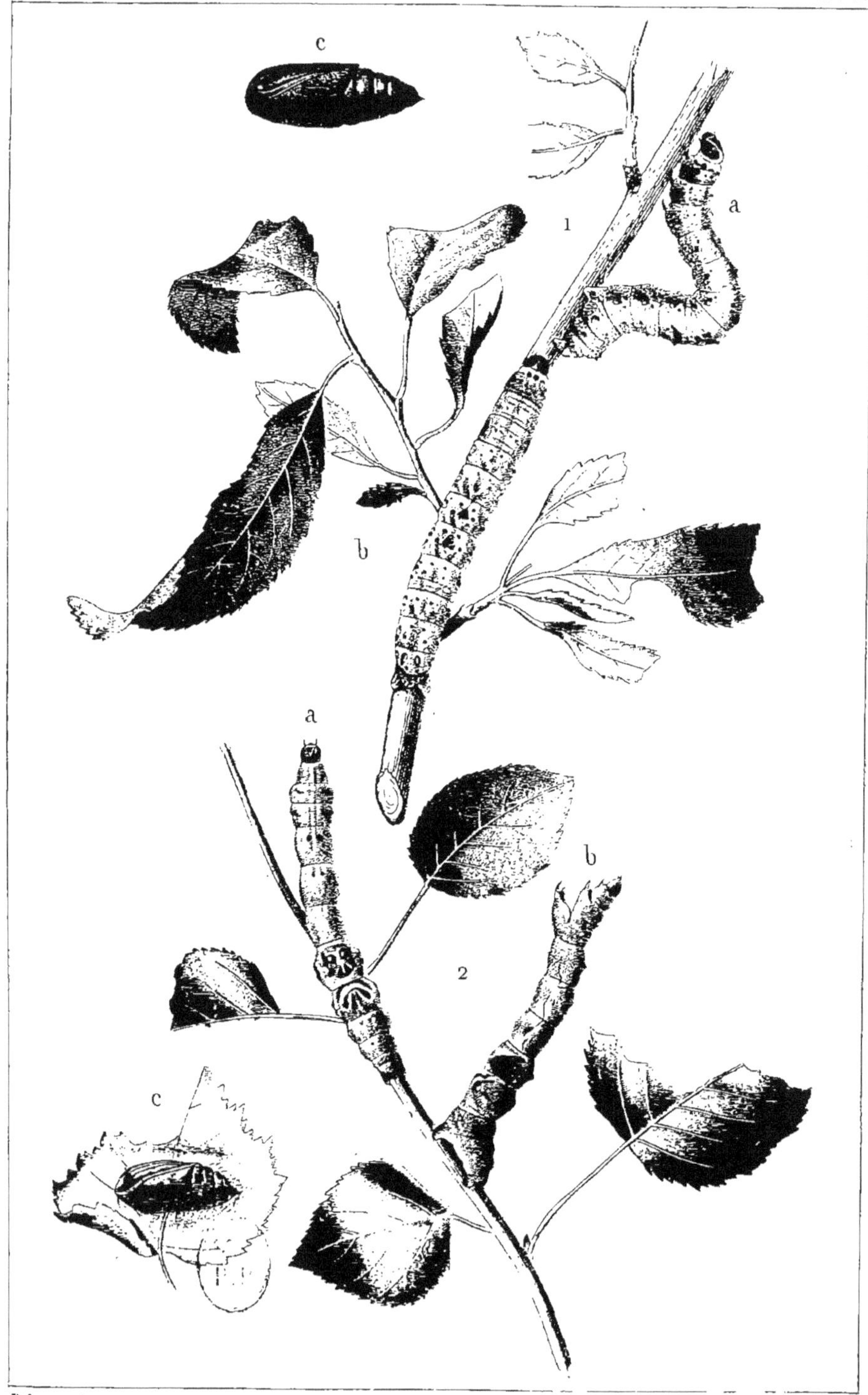

1. a-c. Boarmie Livide *(Boarmia Lividaria)*
2. a-c. Ennomos Illustre *(Ennomos Illustraria)*

www.ingramcontent.com/pod-product-compliance
Lightning Source LLC
Chambersburg PA
CBHW051519060726
47597CB00001B/119